探索发现
百科全书

超侠/主编

马万霞 黄春凯/编

揭秘宇宙奇迹

U0388206

黑龙江科学技术出版社

HEILONGJIANG SCIENCE AND TECHNOLOGY PRESS

图书在版编目（CIP）数据

揭秘宇宙奇迹 / 马万霞, 黄春凯编. -- 哈尔滨：
黑龙江科学技术出版社, 2022.10
（探索发现百科全书 / 超侠主编）
ISBN 978-7-5719-1565-0

Ⅰ.①揭… Ⅱ.①马… ②黄… Ⅲ.①宇宙 – 普及读
物 Ⅳ.①P159-49

中国版本图书馆 CIP 数据核字 (2022) 第 151575 号

探索发现百科全书 揭秘宇宙奇迹

TANSUO FAXIAN BAIKE QUANSHU JIEMI YUZHOU QIJI

超 侠 主编 马万霞 黄春凯 编

项目总监	薛方闻
策划编辑	回 博
责任编辑	王化丽
封面设计	郝 旭
出 版	黑龙江科学技术出版社
	地址：哈尔滨市南岗区公安街 70-2 号 邮编：150007
	电话：（0451）53642106 传真：（0451）53642143
	网址：www.lkcbs.cn
发 行	全国新华书店
印 刷	哈尔滨市石桥印务有限公司
开 本	720 mm × 1000 mm 1/16
印 张	10
字 数	150 千字
版 次	2022 年 10 月第 1 版
印 次	2022 年 10 月第 1 次印刷
书 号	ISBN 978-7-5719-1565-0
定 价	39.80 元

前 言

　　如水的夜空有一种魅力，可以涤荡疲惫，让人精神为之一振。这是我们现代人与远古祖先共有的感受，是一种流淌在灵魂中的默契。无数人在心中展开了一场场的"太空旅行"，这构成了人类进军太空信念的基石，催促着一代代人奋发前行，终于成就全人类的"太空梦"。

　　"太空梦"的实现，是全人类的胜利。但一场场"太空竞赛"似乎给宁静的宇宙带来一些"恶兆"：宇宙出现了一些不和谐的事物，比如太空垃圾，或是盲目发射的卫星；不止于此，人类在地球上的所作所为也会影响夜空，无休止的光污染会令星星"消失"、夜色"蒙尘"……

　　对于太空，我们心怀壮志，要把它当作地球的背景色，更把它当作未来的人类家园。如果我们能未雨绸缪，在探索的同时小心呵护，说不定我们就能看见做梦也想不到的宇宙奇景呢。

目录
Contents

第一章　宇宙的剧场

　　在混沌与虚空中，宇宙剧场的帷幕开启了。没人知道它的开幕与结束时间，也没人手握"节目表"，一切都是我们站在当下的回望与推测。在长久的凝视与探索中，我们似乎从广袤无垠的宇宙中追寻到一些蛛丝马迹，但真相还离我们很远。这时候，我们不得不承认，是一种神奇的力量创造了宇宙中的万事万物，包括此刻的我们。

走出黑暗

没有序幕

在我们的星球上，无论是西方的歌剧还是东方的戏曲，通常都有一个序曲或序幕，表示好戏要开场了。但宇宙没有。

宇宙最初是黑沉沉的虚空，一无所有：没有地，也没有天，没有草原，也没有牛，更没有你我。神话大抵是这样说的。后来的宗教表示反对，怎么可能"无中生有"？他们说在宇宙戏剧开场前，一定有一种至高无上的力量触动了某个开关，进而拉开了宇宙剧场的序幕，那就是宇宙间的"第一推动力"。至于"推动力"的发出者，自然就是他们信仰的最高神明。

地球有话说

"奇点"之前，一切困于"虚空"；"奇点"之后，一切从混乱无序中爆发出来。根据科学家的推断：那时的宇宙环境只能用"暴乱与炙热"来形容，好在"生机"总会悄然聚集、潜滋暗长。直到百亿年后（约46亿年前），"我"将在"血与火的淬炼"中冉冉诞生。

　　科学家是怎么说的呢？宇宙本身就是自己的推动力。它没有序幕，但有一个开始，就像所有的故事那样——一次远古大爆炸。我们就从大爆炸说起。

　　黢黑的虚空中，有一个谁也看不见的小点，叫作奇点。奇点比针尖、比灰尘还小，比你能想象到的所有小点都小，但它坚硬无比，充满了热度与能量。一刹那间，神奇的

▌ 宇宙诞生的瞬间

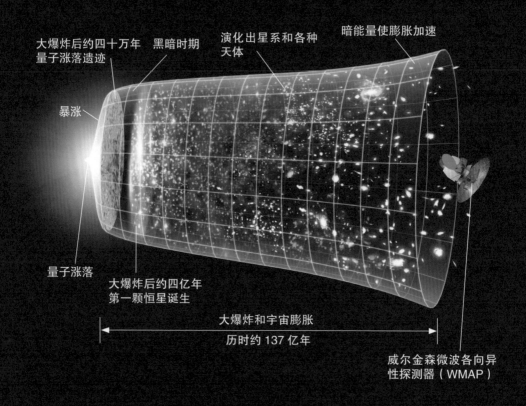

大爆炸后约四十万年　黑暗时期　演化出星系和各种　暗能量使膨胀加速
量子涨落遗迹　　　　　　　　天体

暴涨

量子涨落

大爆炸后约四亿年
第一颗恒星诞生

大爆炸和宇宙膨胀
历时约 137 亿年

威尔金森微波各向异
性探测器（WMAP）

宇宙大爆炸模型

一幕出现了：奇点爆裂开来，虚空中迎来第一次大爆炸。那阵势谁也没见识过，连个谱儿也没有，没法从我们的星球上找一个类似的例子来比喻。

那次大爆炸不是从点射向四周的扩散，根本就是一次全部空间的大爆发，从一开始就充满了整个空间。空间和时间，以及万事万物的雏形都产生了，那时候，宇宙的温度有多高？大约是 1000 亿℃。幸好，随后它就开始降温了。

要有光

大爆炸之后的宇宙什么样？简直就是一团高能粒子雾，混沌而黏稠。到处都是能量，到处都是辐射，到处都是各种看不见的微小物质，光子、电子、中子……统称"粒子"。它们躁动不安，四下流窜，像一群没头的苍蝇。因为速度太快，粒子间互相碰撞是常有的事，有时候正、反粒子碰到一块，立刻"身与形俱灭"，化作一束高强能量。

好在温度即刻降低了，这给粒子间的"友好"结合提供了机会，它们开始抱团形成氢和氦元素，这是元素周期表中的头两号元素。那时候的宇宙中也有一些锂元素，但总体说来是氢、氦两大元素的联

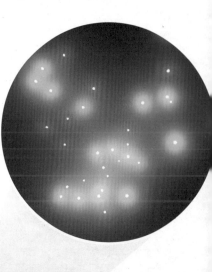

■ 宇宙中的基本粒子

30万年

3 分钟（物质期）

10^{-5} 秒（核时期）

10^{-10} 秒（粒子期）

10^{-34} 秒（暴涨期）

10^{-43} 秒（普朗克时间）

奇点

10^{32} degrees（度）

10^{27} degrees（度）

10^{15} degrees（度）

10^{10} degrees（度）

10^{9} degrees（度）

6000 degrees（度）

(Li)

(He)

(D)

(Li)

H

(He)

(D)

H

辐射

粒子

W⁺
W⁻
} 携带弱力的
重粒子

Z

q 夸克

q̄ 反夸克

e⁻ 电子

正电子

质子

中子

介子

H 氢

D 氘

He 氦

Li 锂

15亿年

宇宙大爆炸

3 degrees K

环保小·贴士

温差巨大

宇宙的温度无处不在，但差别巨大，冷热不均。有些地方热得要命，比如太阳，表面温度高达 6000℃，而牛郎星与织女星的表面温度则可达 7000℃及 9000℃。在地球上，-70℃已成为极端低温，但冥王星的表面温度则低至 -230℃。无论是极高还是极低的温度，都不可能发展出任何生命形式。

合王国。氢数量巨大，是当之无愧的"大当家"。这时候，大爆炸才刚过 3 分钟。

粒子间的流窜与碰撞一直折腾了 38 万年，宇宙的温度也降到了 2700℃左右。电子失去了躁动，开始寻找原子核，并与它们牢牢结合在一起。就这样，宇宙间的第一批原子出世了。

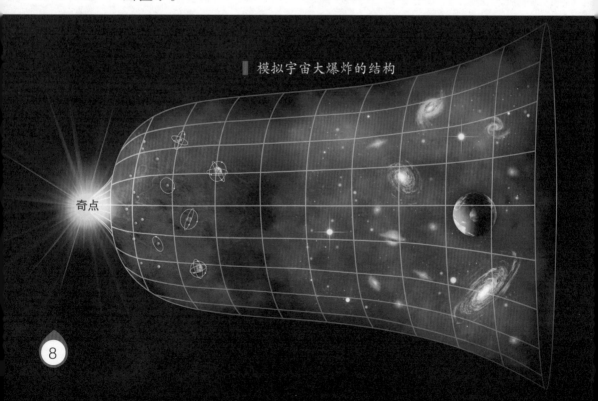

模拟宇宙大爆炸的结构

奇点

　　粒子间无意识地"抱团"改变了宇宙的命运，引起了宇宙涟漪，第一束自由的光也随之产生。它们沿着各自的路径，向四面八方传播开去，开启了穿越时空的无尽旅程。宇宙变得清朗开阔，雾散了。

生命的可能

　　无数道光冲破黑暗，各奔前程，把空间留给氢原子和氦原子。这时候一种从大爆炸中释放出的力——引力，开始纵横驰骋。那时候的宇宙追求膨胀向外，但引力完全不听那一套，专门把四散的物质吸引到一块儿。

　　引力四处拉拢物质，渐渐地，宇宙中的第一个庞大天体——气体星云出现了。这时候的星云主要由氢和氦两种元素组成。它们是孕育恒星和星系的摇篮。

▌闪亮夺目的气体星云N55被看作宇宙中的一朵"七色祥云"，它的尘埃物质和气体一样，都是在星云形成的初期就已经存在的

　　地球是我们生存的根基，包罗万象，千千万万的事物——亭台楼阁、花鸟鱼虫，乃至各个人类族群，看起来迥然不同。可若是追本溯源的话，所有的一切都是由几十种元素组成的。水分子中的氢元素和氧元素在生物体内都能找到，石头内部的硅、钙等元素同样也是构成人体的元素。再探究下去，地球上的这些元素都来自远古宇宙，所以，不光人类，就连花鸟鱼虫、亭台楼阁也是远古星星的"孩子"。

地球有话说

　　因为引力肆无忌惮地吸引物质"扎堆"，终于引发原子集团的"反叛"——从内部炸裂开来。每4个氢核转变为1个氦核，这就是核聚变反应。但引力全然不顾这种"反叛"行为，继续施压，终于将星云"压缩"为第一代恒星。此时，时间已过去了2亿年。

　　恒星出现后，宇宙开始展现它的造化之功：只凭简单的两种元素，炼造出如今我们看到的绝大多数元素，乃至形成复杂的生命体。

　　那时候的宇宙化身"炼

奇点

▌宇宙膨胀

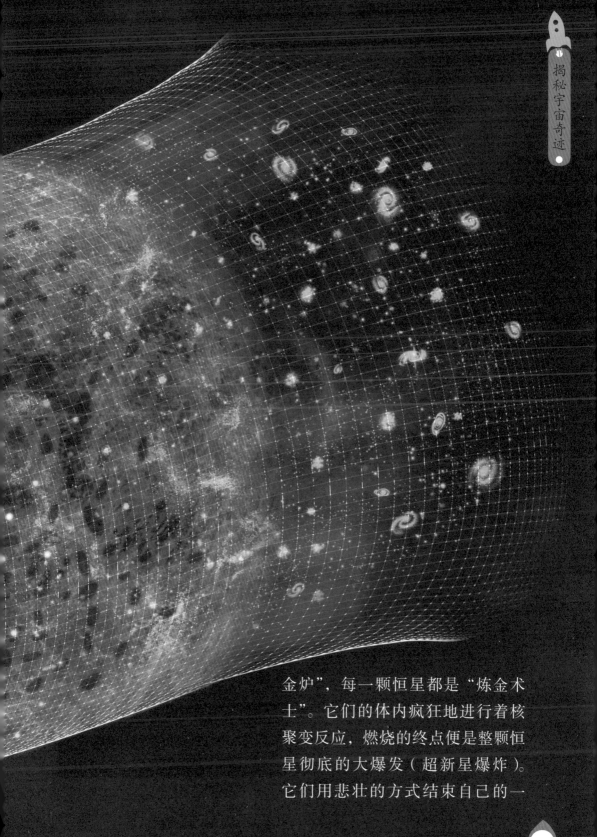

金炉"，每一颗恒星都是"炼金术士"。它们的体内疯狂地进行着核聚变反应，燃烧的终点便是整颗恒星彻底的大爆发（超新星爆炸）。它们用悲壮的方式结束自己的一

生，同时向宇宙喷射出各种质量更大的新元素。每一代新星从上一代那里继承到一种元素，牺牲时又贡献出另一种元素，千万代恒星前仆后继，锂、铍、碳、氧、钙……宇宙中的元素也就越来越多。这些元素就是构成我们人体的化学元素，它们用上百亿年的时间等待生命的出现。所以说，我们每一个人都是远古星星的孩子。

凝视夜空

扑朔迷离

岁月前行。138亿年后的今天，在人类孜孜以求的探索之下，我们似乎窥探到宇宙诞生之初的秘密。那么问题来了：眼下的我们在谈论宇宙大爆炸的时候，到底在谈论些什么呢？是证据——或者说是大爆炸留给我们的线索。

实际上，关于宇宙起源这个话题，科学界曾发生过长久的大论战。原本，科学界的巨擘牛

乔治·勒梅特

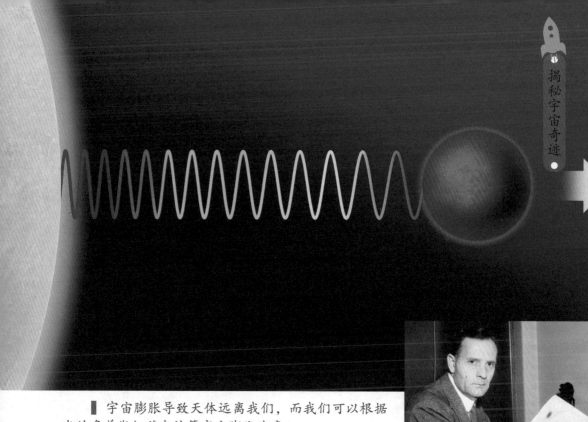

▌宇宙膨胀导致天体远离我们，而我们可以根据光的多普勒红移来计算宇宙膨胀速率

▌爱德文·哈勃

顿、爱因斯坦等人都认为宇宙一直就是这样岁月静好，没什么开始，更没什么大爆炸。但到了20世纪30年代，一个来自比利时的年轻人乔治·勒梅特非说宇宙一直在膨胀，它是由一个"宇宙蛋"爆炸产生的（即"动态演化模型"理论）。

无巧不成书，这个"动态演化模型"的雏形理论很快得到了一个重要证据——天文学家爱德文·哈勃"雪中送炭"，他观测到银河系以外的大多数星系都在远离我们（即红移现象）。这说明宇宙真的在膨胀呀！爱因斯坦不得不尴尬地承认自己错了。真是几家欢喜几家愁。

可这时候仍有人为宇宙的"岁月静好"辩护,比如英国天文学家霍伊尔,他坚持自己的"稳恒态宇宙"理论,还不无嘲讽地把"动态演化模型"称为"大爆炸"。

就在媒体及公众左右摇摆的时候,另一个消息传来:1964年,美国贝尔实验室的两位工程师罗伯特·威尔逊和阿诺·彭齐亚斯在用大型天线接收卫星信息时,竟接收到了宇宙大爆炸时产生的电磁波(宇宙微波背景辐射),只不过

环保小·贴士

多普勒效应

生活中我们都有这样的经验:当行驶的汽车靠近我们时,声波频率变高,我们感觉声音变得尖锐,好像被"挤压"过;而汽车远离我们时,声波频率变低,声音又变得低沉,好像被"拉长"了。光波同样如此,当恒星的光接近我们时,频率变高,光变得较蓝,即"蓝移";当恒星的光远离我们时,频率变低,光变得较红。这两种现象合起来就是"多普勒效应"。

宇宙蛋概念

因为年深日久,
它们已经变得
十分微弱,温度
也比当初降低了
很多很多。

　　人们追寻到宇
宙中第一束光的蛛丝
马迹,最初38万年时"婴
儿宇宙"的模样一览无遗。越
来越多的线索加起来,使得"大
爆炸"理论风光无两,而"稳恒
态宇宙"则黯然失色。

■ 宇宙蛋设想图

■ 罗伯特·威尔逊(左)和阿诺·彭
齐亚斯在1978年因发现大爆炸的背景辐
射而获得诺贝尔奖后的合影

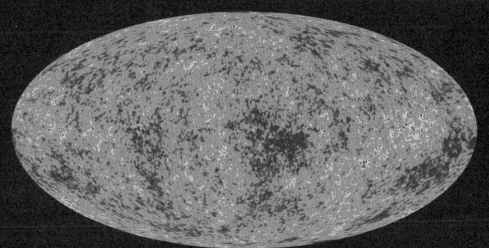

■ 微波背景辐射全景图。微波背景辐射被称为宇宙中释放出来的一束
光。上图反映了宇宙诞生38万年之后的景象,亮的地方温度高,暗的地方
温度低,温差幅度约0.0002K

以光为马

　　膨胀使得宇宙陷入无垠的浩荡之中。可好奇的孩子仍不免发问："宇宙到底有多大？"

　　这是一个连宇宙学家也感到为难的问题。他们也许会皱着眉头思索好一阵子，然后告诉你："宇宙……或许是无限大的吧！无边无沿的，但总归有有限的体积。""不如我告诉你一个人类可观测宇宙的大小——也就是以地球为中心的一个球形区域，它的直径为 930 亿光年。"

　　光年是宇宙的长度单位，指光一年所跑的距离，近似 10 万亿千米（每秒 30 万千米）。因为宇宙太大了，地球上常用的"米""千米"等单位早就失灵了。如果把两个数值

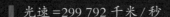
光速 =299 792 千米 / 秒

地球到月球 =1.3 光秒

地球到太阳 =8 光分

地球到火星 =12.7 光分

地球到阿尔法半人马座 =4.4 光年

地球到银河系 =52000 光年

　　光速使我们能够立即看到地球上的事物，并向我们展示了近 140 亿年前宇宙的整个历史

相乘的话，就能得到宇宙的大致范围，堪称"穷天极地"之辽阔。

如此辽阔空间中的旅行，只能以光为马。以离太阳最近的恒星比邻星为例，如果我们乘着光速飞船从地球出发，大约要走上 4.2 年才能到达。这听起来似乎没什么不能忍受的，但若是换上民航飞机的话，这趟行程就需要足足 500 万年才成。要是以光速星际飞船穿越银河系的话，大约需要 10 万年。但这个拥有 2000 亿颗恒星的银河系不过是整个宇宙的上千亿分之一而已。现在你知道宇宙有多大了吧？

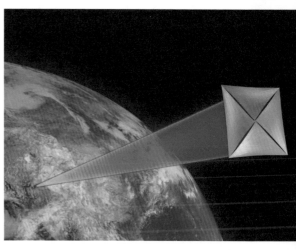

■ 美国宇航局计划打造的星际飞船以 1/5 光速飞行

人类来自"宇宙之海"，但放眼整片"宇宙之海"，或许我们人类所见识到的"海水"才"刚刚没过我们的脚趾，充其量也只不过溅湿我们的脚踝而已。大海在时刻向我们召唤，我们还乡心切"。（卡尔·萨根）

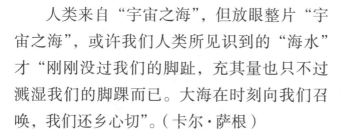

在"930亿光年"之外，宇宙是个什么样？不同的科学家给出了不同的答案。爱因斯坦认为"宇宙是无限的，时空也是无限的"。斯蒂芬·霍金则认为宇宙是"有界无边"的。他认为宇宙是一个巨大的球体，在那之外便是无尽的真空，那里一无所有。如果有人能穿越那片"真空"，便会进入不同时空的宇宙，也就是"平行宇宙"。

地球有话说

夜幕低垂

太空浩瀚，千千万万亿颗恒星在闪烁着。它们本应照亮夜空，让它亮如白昼，可事实却在提醒着我们：地球的背景色——宇宙如同一块黑漆漆的幕布，亘古不变。

这好像不合情理。星光无远弗届，怎会让宇宙永陷黑暗？要是一间屋子里有足够多盏灯，那屋子必定是灯火通明的，宇宙不也是同样的道理吗？宇宙里无穷多的星星同时发射光芒，宇宙怎会有"夜幕"？

实际上，这个"黑色太空谜团"曾经难倒过不少天文学家。有人思考良久，给出了自己的答案：虽然每一颗恒星都在发光，可是宇宙中存在不少星尘，它们会挡住或者吸收光芒，使光芒到不了地球。

若是仔细推敲一番，这个答案就说不通了。因为那些常年累月地吸收光芒的星尘，自身也会因为吸收能量而变成

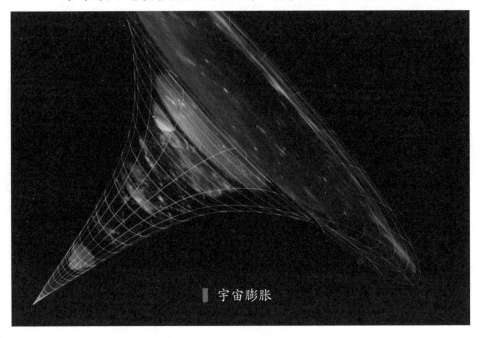
宇宙膨胀

地球有话说

光速虽然很快，但宇宙至大，所以，我们看到的光都是过去的光。比如我们抬眼时所见的阳光，是8分钟以前的；而我们看到的仙女座，则是250万年前的。至于宇宙大爆炸之初的几亿年，因为没有光，所以我们是看不到的，只能通过微波（最遥远的光波已转化为不可见的微波，即宇宙微波背景辐射）感受那时的宇宙。

一个发光体，还是会把星光传播到地球上的。

进入20世纪，人们终于明白宇宙也是有年龄的，而且一直在膨胀，它之所以不亮，是因为星光还没传到地球上呢！再加上恒星也有自己的寿命，不可能永久发光……正如英国物理学家开尔文所揭示的那样："如果广袤宇宙中所有的恒星同时发光……能够到达地球的光亮也只能是所有恒星光线中非常微小的一部分。"

这个问题总算告一段落，让我们继续用黑色的眼睛凝视黑暗的夜空吧！

▌下图显示了随着宇宙膨胀，在不同时间点抽象出的空间"切片"

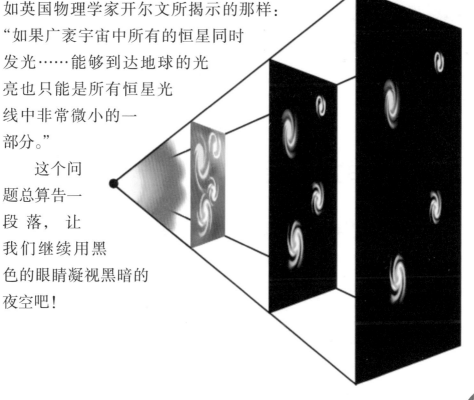

暗黑森林

隐秘的吞噬巨兽

  有时候，朦胧与晦暗不明反而更能激起人们的求知欲。如同在黑暗的宇宙森林中发掘那些隐匿其中的"黑暗"事物。它们以"黑"为名，深藏不露，又行踪不定，比如大名鼎鼎的黑洞。

  黑洞是科幻电影中的常客，令无数科幻迷痴迷不已。在科幻电影中，黑洞经常代表着"时空之门"，进入其中，我们就能长久地沐浴着"黑暗"；只要穿过它，我们就能进入另一个世界，或者说是另一个宇宙。

黑洞名字中有个"洞"字，但那绝不意味着"空洞无物"，相反，黑洞是一种充满了物质的神秘天体，质量极大，同时有着令人无法想象的极高密度。

黑洞的诞生源于一场毁灭——超大质量的恒星灭亡后，在自身引力的作用下，不断收缩，直至形成一个看不见的星体，也就是黑洞。具有极强引力的黑洞形成后，立即化身为隐秘的"吞噬巨兽"，"胃口"大得惊人，

■ 这是类星体艺术概念图，类星体是星系的核心，一个活跃的超大质量黑洞正以非常快的速度从它周围的环境中吸收物质，它离我们的距离越来越远

环保小·贴士

黑洞"视界"

　　黑洞有大有小，看不见摸不着，但它们都有一个封闭的"边界"，被叫作"视界"。外界的物质和能量能够透过视界，进入黑洞内部；但视界内部的物质和能量却"出不来"。所以说，黑洞是一个"只进不出"的宇宙怪物，而人类也无法观测到黑洞"视界"内部的情形。

由于黑洞的巨大吸引力，连光线都逃不过

有着吞噬万物的雄心壮志，就连光也会落入它精心布置好的"陷阱"中，无力逃脱。

当然，黑洞"吞噬"乃至"消化"万物的过程是我们看不到的，就连黑洞本身也是人们难以观测到的——这也是黑洞中"黑"的来源。一切都在"黑暗"中进行，我们只能透过周围物质的运动及辐射情况探测出黑洞的存在。不过随着人类技术的进步，我们已经获得了人类首张黑洞照片——中心是一个阴影，四周环绕着较为暗淡的弯月状光环。这非常符合前人推测的样貌。

宇宙中藏有大约 100 万亿个黑洞，就连我们的银河系也存在着大量的黑洞。黑洞也有"生死"，因为它们也在进行着辐射行为，向外散发能量。终有一天，它们会迎来消亡之日，那也许是一场震古烁今的大爆炸。

一个巨大的旋涡状星云的红外图片，它标志了我们银河系中心超大质量黑洞的大致位置

以黑暗之名

当黑洞的神秘性和诱惑力日渐减退之时，宇宙剧场内又崛起了另一股新"势力"——暗物质与暗能量。

暗物质与黑洞一样天赋异禀，看不见摸不着，但它们却是一种"与天地共生"且"与万物共存"的神秘物质。一次偶然的机会让科学家捕捉到了暗物质的蛛丝马迹。

天文学家发现星系中的某些恒星转速高得异常。这样高速转下去，它们很可能脱离星系的"控制"，自立门户。可它们偏偏没有，这说明星系内存在着一些我们"看不见"的物质，它们增加了整个星系的质量，暗中发力，为整个星系提供了"拉拢"恒星的巨大引力。

▌科学家绘制的暗物质地图。暗物质是把星系连在一起的看不见的黏合剂。科学家说，他们相信暗物质约占宇宙的 26.8%

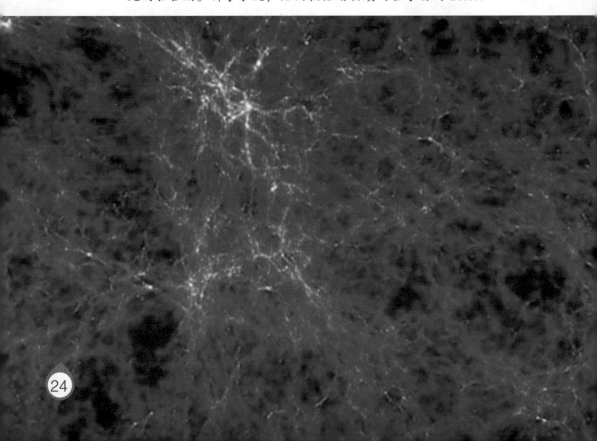

▍暗物质

后来，经过多位天文学家的研究，人们终于证实，宇宙中确实存在着大量暗物质。但若说到它们的形状与样貌，没人能说得清。科学家只能推测，它们或许是一种完全未知的新型"粒子"，个头微小，质量却很大——说不定黑洞也是一种暗物质。不过，科学家正在利用各种新型地下探测器追寻暗物质的踪迹。这必定是 21 世纪最令人心潮澎湃的科学冒险之一。

科学的脚步仍在路上，但科学家也有所发现：一个惊人的事实是暗物质虽然看不见，可它们的全部质量足有普通物质的 6 倍之多。

你以为我们可见的物质加上暗物质就是整个宇宙了吗？那你就错了，还有一支更大的势力要压轴出场呢！它就是暗能量（与引力"作对"的一股神秘力量，促使宇宙加速膨胀，人们对它的了解少之又少）。至于

地球有话说

要想在宇宙中寻找出那些"隐身"的暗物质或暗能量，方法之一是发射卫星，在太空中探测。2015年，中国成功发射"悟空"号暗物质粒子探测卫星。经过数年的探测，已获取包括暗物质探测、宇宙射线、伽马射线爆发等多方面的数据，意义重大。

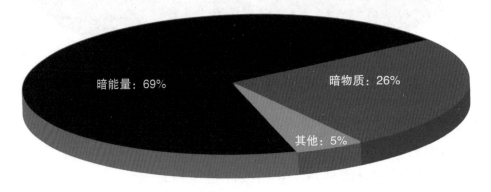

暗能量：69% 暗物质：26% 其他：5%

▌暗物质的成分占比

三者的成分比例则为一般物质5%，暗物质26%，暗能量69%……

　　由此可见，整个宇宙中可见的物质实在是少之又少。而我们人类全体的总和，在宇宙的万古洪荒之中，恐怕连一粒微尘都算不上。这其中最神秘的暗能量才是宇宙真正的主宰，宇宙的未来命运掌控在它的手中。

高能宇宙

如同黑沉沉的陆地丛林中可能危机四伏一样，暗黑的宇宙森林中同样暗藏"杀机"。那是一些看不见的宇宙辐射，比如电磁波辐射。常见的可见光辐射，"高能杀手"X射线以及γ射线都属于电磁波辐射家族。

宇宙辐射是能量的代名词。无论哪一种形式的辐射，当它在空间中进行运动时，都会以光速进行，同时携带不同等级的能量。至于能量的大小，则与辐射的波长有关——波长越短，辐射能量越强。γ射线波长最短，能量便进入高能阶段。γ射线由最剧烈的宇宙活动产生，比如超新星爆炸会释放出大量的

γ射线暴是目前宇宙中辐射能力最强的一种宇宙射线

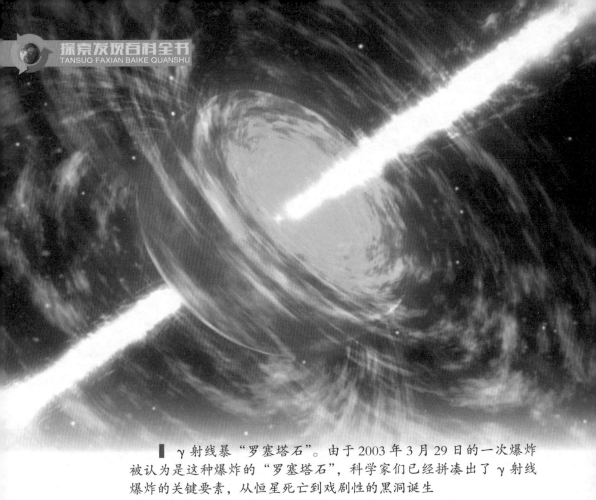

▎γ 射线暴 "罗塞塔石"。由于 2003 年 3 月 29 日的一次爆炸被认为是这种爆炸的 "罗塞塔石"，科学家们已经拼凑出了 γ 射线爆炸的关键要素，从恒星死亡到戏剧性的黑洞诞生

γ 射线，引发 γ 射线暴。这种突然的爆发持续时间仅有十几秒甚至不足 1 秒，人们很难直接观测到那种天崩地裂般的大爆炸。

　　γ 射线暴持续时间短暂，但却具有穿透一切并毁灭一切的威力，以人类的血肉之躯是毫无招架之力的。它们能轻易进入人体内部，对人体细胞造成破坏。所以像 "绿巨人" 那种 "因祸得福" 的科幻设定只能是人们的奇幻想象罢了（绿巨人因遭受 γ 射线暴辐射出现基因变异现象，具有了超能力）。幸运的是，我们有地球大气层这个天然屏障的保护，所以宇宙天体产生的各种 γ 射线暴才无法到达地面并毁灭地球生物。

环保小·贴士

宇宙飞弹

宇宙射线对于地球环境有着隐秘而漫长的影响。有一种观点认为，宇宙射线能促进云的生成，使地球大气层变厚。这样一来，就有更多的阳光被反射回太空，地球就会慢慢降温。另一种观点则与之相反，认为宇宙射线会"干扰"云层，使大气层变薄，令更多的阳光直射地球表面，促使地球升温。无论是哪种观点，都认为宇宙射线会改变地球生态系统，甚至导致生物大灭绝。

因为有地球大气层，我们探测宇宙产生的 γ 射线或 γ 射线暴的任务，通常交给身处太空中的卫星来完成。但一些地面射电望远镜也有这个本事，比如我国研制的 500 米口径球面射电望远镜FAST（超级天眼），就能在地面实现探测 γ 射线暴的目标。

▋宇宙射线

第二章　宇宙指南

　　宇宙烟波浩渺、无边无际，是一个充满了物质与能量的集合体。至大的星系丛林，至微的分子、原子；至明的恒星，至暗的黑洞……一切都在黑暗中"各行其是"，诞生与毁灭、分别与聚会、血与火的历练，都是宇宙的常态。渺小的我们该如何把握这"捉摸不定"的宇宙？或许，我们所需要的不过是一份"宇宙指南"而已。

星系丛林

宇宙岛

　　宇宙硕大无朋，但也是"聚沙成塔"——由一个个星系所组成。星系是一个天体系统，也是恒星、星云和尘埃组成的宇宙岛或宇宙社区。星系脱胎于宇宙大爆炸。但宇宙为了"孵化"出第一批星系，足足累积了10亿年之功。

　　星系的形成与发展并非一帆风顺，而是经历了诸多"血与火"的考验，暴力碰撞、吞并都是常有的事。只有最强大与最幸运的星系才能存活至今，它们的数量有一千亿左右。

▌大质量星系团

棒状星系

椭圆星系

旋涡星系

　　每个星系自成一体，距离远近不同，我们最近的"邻居"是仙女座星系，距离地球约为250万光年，目前来看没人能去那里"做客"。至于最远的星系"邻居"则在200亿光年之外了，要去那里"做客"更是天方夜谭。

　　星系看起来万古不变，但它们都是活跃分子，从诞生的那一刻就在不停地运动着。在不断自转的过程中，星系从最初的杂乱无章演化至如今的整齐有序的结构，并有了各自独特的外形：椭圆星系、旋涡星系及不规则星系。前两种形状在星系家族中最为常见。但总体来说，宇宙中没有两个星系的形状是完全相同的，就像地球上没有两片相同的叶子一样。

　　星系的直径通常在数千光年到数十万光年之间，有着人类难以想象的广袤，但它们还会聚集起来形成级别更高的星系团、星系

▎位于室女座的墨西哥草帽星系，距离地球2930万光年

▎棒状星系NGC 2188位于天鸽座，直径为5万光年

■ M33 正向旋涡星系被称为"风车星系"或"三角星系"，位于北天三角座内，直径超过 5 万光年

群乃至更大规模的超星系团。它们互相勾连，如同一张网，将浩瀚苍穹连接在一起。至于那转动"宇宙飞梭"的力量，不用我说你也能猜个八九不离十——自然是"引力在'前'、暗物质在'后'"了。

环保小·贴士

孤独的恒星

并不是每一颗恒星都固定地属于某个星系，在浩瀚的宇宙中也存在着一些游离在星系之外的"孤独"恒星。它们是星系之间无序碰撞的"牺牲品"。当两个星系发生剧烈的撞击时，它们中的一部分会"融合"在一起，成为一个新的星系，但也有些恒星被抛了出去，成为宇宙间孤独的恒星——周围没有"邻居"，只有遥远而黯淡的云团，那是它们原来所属的星系。

星汉灿烂

　　"日月之行，若出其中。星汉灿烂，若出其里。"这是古人对银河的礼赞。

　　夏夜的苍穹上横亘着一条宽窄不一的银白色光带，像波涛汹涌的"天河"，古人便将其命名为"银河"，还为它赋予了"牛郎织女天河相会"的凄美故事。在西方神话体系中，银河同样引人遐想，是著名的"乳之路"。

　　近代科学打破了人类的神话梦。原来银河不是河，里面没有水，全是星星；就连形状也不全是条带状，而是一个巨大的旋涡星系。因为人类身处银河系的一条旋臂上，相当于从侧面观察银河系，看到的仅仅是一条光带，便有了"天河"的遐想——真是"一叶障目，不见泰山"。

　　如果我们能站在银河系上方，有了更宏观的视角，就会发现银河系的全貌。核心位

　▌银河系侧看像一个中心略鼓的大圆盘，整个圆盘的直径约为10万光年

35

置是一个由恒星组成的扁球状空间，状如飞碟；周围辐射出四条旋臂。从伽利略的望远镜中，我们得知，银河系是由密集的恒星组成的，数量大约为 2000 亿颗，其中像太阳一样明亮的至少有 6000 颗。此外，银河系中还充斥着大量弥漫的星云和尘埃，以及看不见的暗物质。正是这些云雾状的物质遮住了光线，使人类没法看清银河系中心的状况，

▋ 银河系从正面看像一个庞大的车轮状旋涡系统

盾牌－半人马臂

人马座A

船底－人马臂

银心

太阳

英仙座臂

猎狐支臂

外缘臂

36

恒星之间，并不是寥廓清朗、一无所有的，那里弥漫着各种物质，如氢原子或尘埃颗粒等，统称星际介质。对整个银河系来说，星际介质的总质量可占十分之一；它们绝大多数分布在"银盘"上，但分布得很不均匀，有的地方特别稠密，有的地方则极为稀薄。稠密的地方也是容易孕育恒星的地方。

地球有话说

只能拜托射电望远镜或是红外卫星来帮忙观测银河系了。

银河系已经走过 120 亿年的岁月了，但它全然没有步履蹒跚的老态，反而"野心勃勃"地向着仙女座星系移动。终有一日，两个星系要来一场硬碰硬的"死亡之舞"。在分崩离析中，一个新的星系将横空出世。不过别担心，那是几十亿年后的事情了。

▌银河光带像一条横跨夜空的宇宙道路

模糊的斑点

一百年以前，人们认为宇宙中只有一个星系，那就是银河系。到了 1924 年，沉迷于星空的天文学家埃德温·哈勃向世人宣布：宇宙中的星系绝不止银河系一个！望远镜中那些遥远而模糊的点点星光是一个个的恒星集团。它们同银河系"血脉相连"，从鸿蒙初辟之时一路携手走到今天。这些星系如今被统称为河外星系。

河外星系的发现给人类的认知带来了莫大的冲击：原来宇宙如此浩瀚，而人类的认识又是如此浅薄。不仅如此，当人们渐渐弄清了河外星系的大小之后，恍然大悟，原来银河系是如此平凡，甚至是异常渺小的，它只是宇宙中的沧海一粟而已。

星系间的距离动辄数十亿甚至数百亿光年。仙女座星系算是我们"家门口"的大型星系，它明亮而巨大，周围有很多围绕着它运转的小星系。这些小星系前途凶险，因

M31 仙女星系与银河系同处于本星系群，距我们约 220 万光年，也是离我们最近的典型的大型旋涡星系。M31 直径约 16 万光年，至少是银河系的 1.6 倍。在它的身旁，我们还可看到它的两个较小卫星星系：M32 及 M110

M32 星系

M110 星系

小麦哲伦星云

麦哲伦星系

大麦哲伦星云

为它们随时可能被巨大的引力吸入仙女星系中，化作碎片。

■ 麦哲伦星系

麦哲伦星系也是与银河系关系密切的一大星系，它由大麦哲伦星系和小麦哲伦星系组成，属于银河系的两个伴星系。这两个星系距离地球十数万光年，是大航海家麦哲伦途经赤道以南时发现的。后人为了纪念他的发现，便用他的名字给这两个星系命名。

现在，如果你想亲眼看看我们天外的"邻居"的话，也得赶到南半球才行。

生活在银河系中的人类已经习惯了白昼与黑夜的交替，并把这当作正常的秩序。可对于一些活跃的星系而言，它们也许从来都无法感受"黑夜"。比如被叫作"活动星系"的河外星系，整个星系沐浴在一片蓝光之中，这蓝光来自星系的中心，非常明亮，整个星系都处于它的照耀之中，根本没有黑夜之说。

地球有话说

太阳家族

宇宙幸运儿

46亿年前，在银河系旋臂上一个不起眼的区域，一场巨变正在悄然酝酿中。上一场轰轰烈烈的宇宙戏剧兀自结束，留下的气体和尘埃正处于昧昧昏昏之中。但这种混沌状态迟早会结束。

那一片又大又重的气体星云是孕育恒星的摇篮，只欠一股令其塌缩的力量。那力量不知从何而来，它一出现，便拉扯着星云向着中心下落、塌缩、靠近、旋转，逐渐"旋"出了扁平的星盘。中心是核球，四周是盘面。核球部

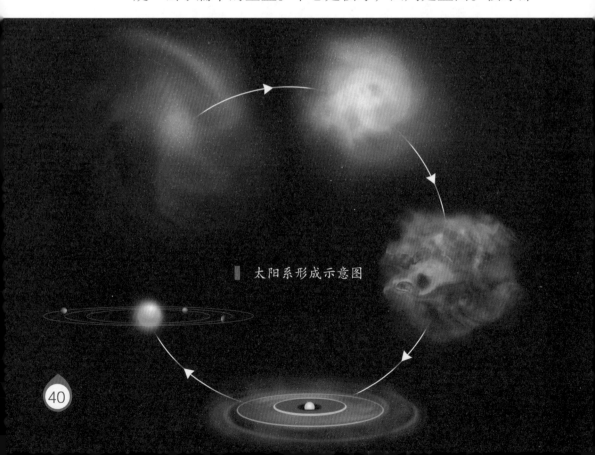

太阳系形成示意图

分最终演化为一颗重量级恒星——太阳。随后四周盘面中的尘埃渐渐形成一百多颗行星。

它们翻滚着、挤压着，用暴力对待彼此。最容易活下来的是那些"大块头"行星，它们将其他小兄弟撞得七零八碎，保证了自己的存活。几亿年的暴力过后，一个新的星系粗具规模，这便是太阳系。太阳是这里唯一的恒星，也是群星的领袖，四周是八颗忠诚的行星，以及小行星带和星云等物质。其中有四颗岩质内行星（水星、金星、地球、火星），四颗气态巨行星（木星、土星、天王星、海王星）。

一切变得井然有序起来。行星们的距离不远不近，保证了彼此的和谐，它们以近乎圆形的轨道沿同一方向绕着太阳运转。这对

环保小·贴士

极限高温

对于地球大气层来说，温度最高的部分位于热层，那里有高达 1000℃的高温。这似乎难以想象，但实际上，这个温度与太阳大气的温度比起来，不过是"小巫见大巫"罢了。因为太阳大气层中温度最高的日冕层，温度可达百万乃至千万摄氏度——这是任何物体都无法接近的温度。

于平凡的太阳系来说是一种幸运，要是没有整齐、稳定的轨道，太阳系或许早就分崩离析了，地球也不会存在，我们也不会在宁静的日子里讨论宇宙了。

但所有的宇宙戏剧终有落幕的那一天。50亿年后，太阳系早期的混沌状态还会卷土重来。末日降临，太阳内的燃料耗尽，它会变成一个红巨星，温度升高，体积膨胀，吞并所有的内行星。当一切变暗，这个不起眼的区域将复归于平静。

▌红巨星——一个垂死的太阳（想象图）

五色交辉

太阳虽有消亡之日，但在此之前，包括地球在内的几个行星还能一如既往地享受它的光照。不过对于八大行星而言，太阳依旧是那个太阳，天空却不一定是同样的天空。

地球的天空一片蔚蓝，我们早已司空见惯。这是大气的杰作，它接收了七色光芒，却只喜欢向我们反射波长最短的蓝、紫光，让我们看到一片湛蓝。这是我们世界的特征。"假如地球有一面正式的旗帜，它就应该是这种颜色。"（卡尔·萨根）

那么，其他星球呢？

让我们先到水星上看看。它离太阳太近了，几乎没有大气，不存在反射、散射，阳光直射地表，但天空却漆黑一片。那情景仿佛漆黑的街道上，只有一家张灯结彩。

▌水星表面

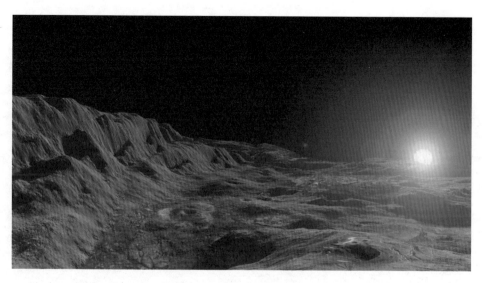

43

环保小·贴士

失控的温室效应

当温室效应失控时，星球将变成什么样？金星能给出最合理的答案。金星的大气中绝大部分都是二氧化碳（占97%），其余为酸雨及其他少量气体。金星大气的温度能轻松融化铅块。整个星球，全年处于酷热之中，最高温度可达500℃。

金星上空包裹着浓厚的大气（二氧化碳构成），蓝光几乎无法到达地面，能穿透云层的仅剩一些红光而已。所以，金星的天空通常是红色或橙黄色，类似地球上的夕阳西下。

火星大气稀薄，地面上满是铁锈色的沙土，沙尘暴一场接一场，整个天空常常弥漫着铁锈色的沙尘。那里的天空是暖色调的，红色、粉红、黄褐色都有可能。但在一些大气稀薄的地方，也能看到蓝色深空。

▍金星大气

至于太阳系外围的几颗巨大行星的天空
颜色，则与它们
本身的颜色更接近
一些，因为它们离太
阳实在太遥远了。木星
和土星的高空更接近木头
和黄土的本色，低空则因为缺少
阳光显得暗黑无比。天王星和海王星本
身以蓝色"面目"示人，在独特大气的作用
下，也许它们的天空偶尔还会展现出淡淡的绿
色。而其他行星天空的颜色似乎离我们有些遥
远，但它们是太阳系的五彩旗帜。

　　"当新的前沿阵地从太阳推
进到恒星，于是探测者们将在无
穷无尽的漆黑太空中执行他们的使
命——神圣的黑色。"（卡尔·萨根）

■ 太阳系八大
行星的大气

■ 火星地表

45

怪异"姐妹星"

■ 天王星

过去人们认为太阳系只有水星、金星、地球、火星、木星、土星六大行星。到了近代，人们才发现原来太阳系的边缘还藏着天王星和海王星两个"大块头"。

这两个"大块头"从"出现"的那一天，就显露出种种怪异之处。比如天王星，它的自转轴与公转平面近乎垂直，以至于在我们看来，它一直是躺在轨道上运转的。它是第一颗用望远镜发现的行星。至于海王星的"出现"更奇特：是用数学方法"算"出来的。后来人们通过观测证实了海王星的存在。

可这一对"姐妹星"身上还有更大的谜团：它们身处太阳系的外缘地带，那里物质稀缺，哪来的"原料"构成它们自身呢？换句话说，那里根本就不可能出现大行星。

天文学家经过不断的研究和对比，为我们提供了一种解释。这一对"姐妹星"原本在离太阳很近的地方形成，后来经历种种意外被推到了现在的位置。而那场"意外"的幕后操纵者便是土星与木星

地球有话说

太阳系内并不安宁，存在诸多形状奇怪、大小不一的"捣乱"天体，它们在太阳系内横冲直撞，有时候，它们相互碰撞，或是与人造卫星相撞，给太阳系内添加一道"污浊的光环"：碎片或粉尘在引力作用下形成的"环"。这是太阳系内"暴乱"环境的一个证明。

的合力。这两个行星在绕日运转时，有时候会恰巧"碰上"，这时候，它们两个的引力合在一处，给太阳系带来巨大的骚动——将天王星和海王星向外拉拽。

两个巨大的天体一路失控，向外飞去，幸好有岩石带的阻碍，它们的速度逐渐降低，并停在了如今的位置上。因为木、土二星联手的力量太过强大，这对"姐妹星"的位置也被颠倒了，否则，太阳系最外圈的行星就是天王星了。

这种解释听起来有些离奇，但严谨的天文学家并不会信口胡说，他们在其他类

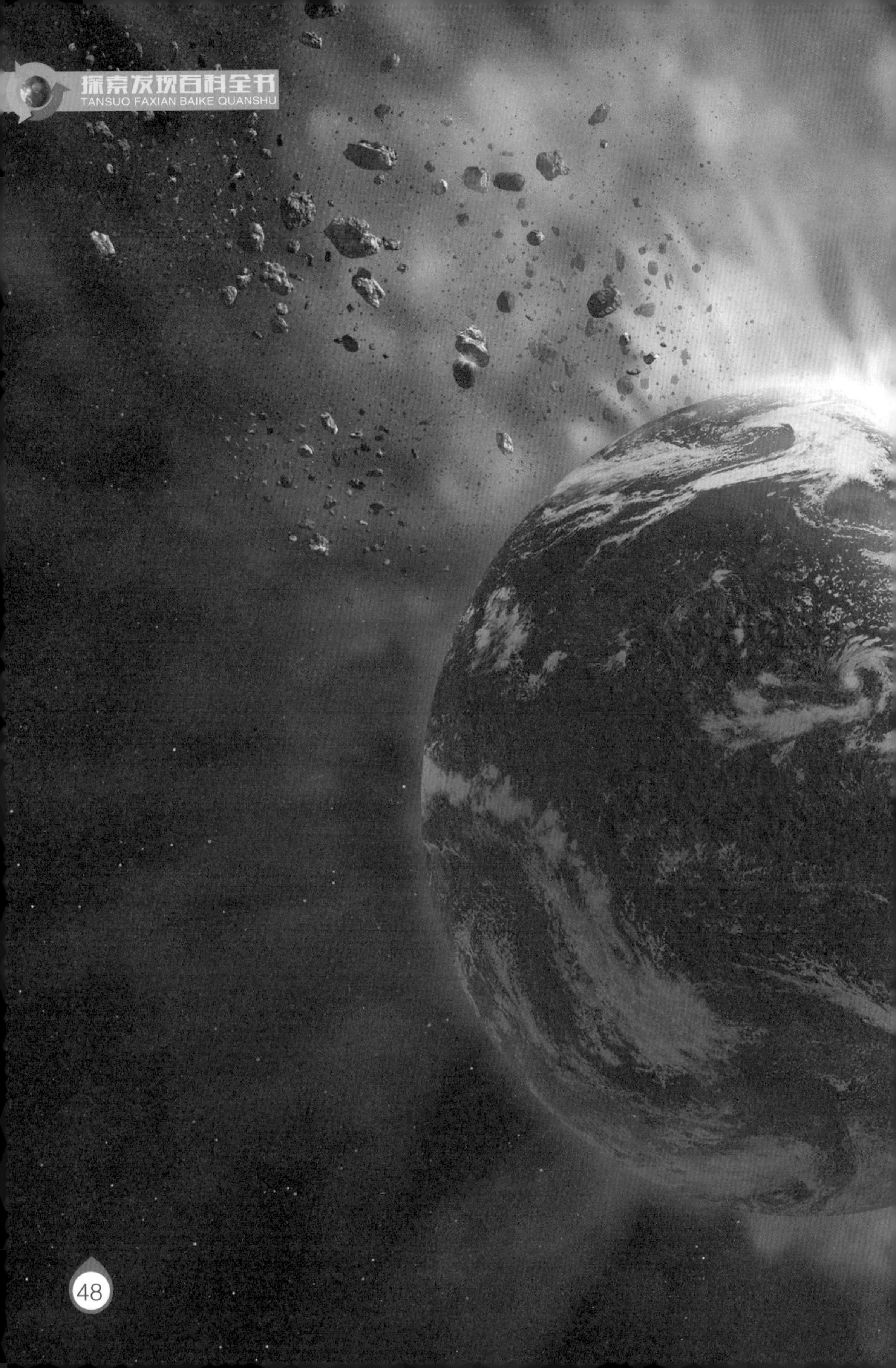

行星的形成

夜空中最亮的星

点燃夜空

黑色赋予夜空幽暗，但点点星光却将它点燃，绽放出绚烂。漫天星辉，谁是最亮的一颗？

我们都知道那些亮星中必定有很多恒星。恒星巨大无比，表面温度奇高，内部的核聚变反应时刻不停，这使得它们成了光芒四射的耀眼明星。

除了发光能力强，还要与地球足够近，才能让我们看到它们的光。除了太阳以外，宇宙中有还很多恒星满足这一条件，能被我们看到。不过要论最亮的那一颗，不同的季节会有不同的答案。

晴朗的春夜里，最亮的星位于北斗七星附近，它的外形像一只龙角，名叫大角星。它离我们有 36 光年，比太阳大得多，属于一等亮星，发出的光芒为橙黄色。（星等：衡量天体光度的单位，数值越小，星星越亮。）

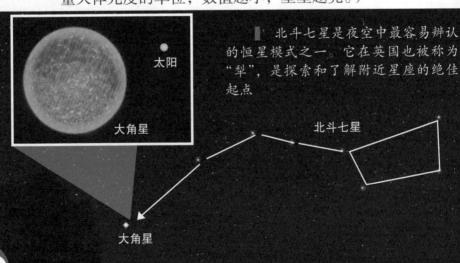

北斗七星是夜空中最容易辨认的恒星模式之一。它在英国也被称为"犁"，是探索和了解附近星座的绝佳起点

天狼星

■ 天狼星是除太阳外全天最亮的恒星

　　随着地球的公转，我们迎来了冬季，天空中最亮的星就成了天狼星。天狼星块头比太阳大，但差距并不明显，它之所以亮得出奇，完全是因为距离地球近（约8.6光年）。

　　天狼星在世界各地都有很高的知名度，还被赋予了一定的文化意义。古埃及人认为天狼星是导致尼罗河泛滥的"始作俑者"；而中国人则把天狼星视为动乱的根源，大文豪苏轼就曾写过"西北望，射天狼"的豪言壮语。

　　恒星固然是发光的"主力"，但天上的亮星不只是恒星，也有行星。行星虽然不会发光，但它们擅长"借光"，同样绚烂夺目。

　　夜里，金星、木星、水星、火星及土星等几大行星同时向太阳"借光"，其中本领最强的便是金星。它是除月亮外最亮的一颗行星，亮度远超天狼星，是当之无愧的"启明星"。

金星

金星现在是夜空中最明亮的行星

环保小·贴士

不"亮"的太阳

恒星的光度（明暗程度）由它的大小和温度决定。光度大的恒星又被叫作巨星，而光度小的恒星则被叫作"矮星"。还有一种光度比巨星还强的恒星叫作超巨星。在浩瀚的宇宙中，太阳仅算作一颗矮星而已，不过也有的恒星比它还要黯淡一些。

星落如雨

恒星万古长明，似乎缺少新意。但宇宙会在不期然间展示造化之功，为我们上演一场"流星魔法秀"——将平平无奇的宇宙砂石化作颗颗"银针"，划过天际。那时候，我们就能见到"星落如雨""疏星渡河汉"的流星雨奇观。

这个戏法其实不难理解，首先是砂石的来源。它们有的来自火星与木星之间的小行星带，那里是宇宙砂石的聚

英仙座流星雨

集地。它们本身就处于杂乱无章之中，碰撞、碎裂，七零八落，是它们每天都在经历的事。有些被击碎的砂石会误打误撞地闯入地球大气层，然后与大气层发生高速摩擦，促使自身及周围大气层急剧升温，产生光亮的轨迹。

对于那些小砂石来说，它们多半在"进军"地球的途中就燃烧殆尽，形成一闪而过的流星。如果流星集中爆发的话，就形成流星雨。流星雨是有名字的，它们的命名过程很有趣——根据大致的星座方位来确定，比如著名的狮子座流星雨、双子座流星雨等等。这样的名字会让人以为流星的老家是那些星座，实际上，这些流星跟那些星座一点关系都没有。

▌壮观的双子座流星雨的活跃期在每年的 12 月 4 日到 17 日，它是北半球三大流星雨之一

狮子座流星雨

　　在冲击地球的"军团"中有些大块头砂石，能经受住"烈火"的煎熬，一路奔袭，成功"着陆"地球，就形成了陨石。它们轻则给地球撞个坑，重则摧毁地球上的生命，但天文学家仍把它们当作宝贝一样看待，因为它们个个"来头不小"——形成于太阳系帝国建造伊始，带有前几代恒星的宝贵"基因"，对于天文学的研究大有益处。

"吉林1号"陨石

　　实际上，不仅天文学家把陨石视如珍宝，博物馆也是陨石的追捧者。有些自然博物馆还把陨石当作镇馆之宝，"吉林1号"陨石（重1770千克）、"纳米比亚霍巴陨石"（重60多吨）、"阿根廷艾尔·查科陨石"（重约37吨）是陨石家族中的佼佼者。

环保小·贴士

"宇宙暴徒"

　　流星或是流星雨，光辉灿烂，引人追捧。可你别忘了，这些天外来客与那些具有毁灭力量的小行星同样是"宇宙暴徒"中的一员，稍有差池，它们就能将地球"闹"个天翻地覆，进而引发地球环境剧变。

"明星"出没

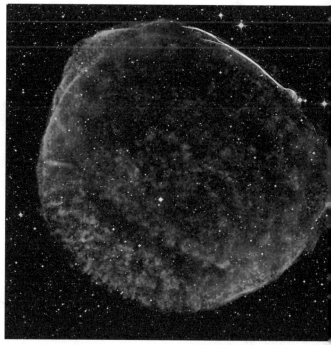

　　大质量恒星（质量约为太阳 5 倍的恒星）是宇宙发光能手，而它们的信条只有一个——"超越自己"，哪怕付出生命的代价。这就是天文学上有名的超新星爆发事件。

　　关于超新星爆发事件，古人比我们更有发言权。世界各地的史书上都有相关的记载，最早的记载出现在中国的东汉时期。

　　但公元 1006 年的那次超新星爆发事件则是举世瞩目的，那是有史以来亮度最高的超新星爆发事件，令各地的天文学家大书特书。"星光"爆发持续了几个月，

▌ SN 1006 的超新星遗迹宽约 60 光年，是一颗白矮星的残留物

连白天也能看见它的光芒；夜里亮如白昼，借着星光就能轻松阅读。可惜那时候的人不知道如何解释，只说天上冒出一颗新星，管它叫"客星"，就像来做客的星星一样。

古人的疑惑，现代科学给出了解释。超新星并不是新出现的"新星"，它们早就存在，只是启动了"恒星末日"程序而已。触动超新星爆发的原因之一为内部引力收缩。整个爆炸过程十分壮观，光芒与热量、物质一瞬间被抛洒出去，相当于在宇宙中引爆了亿万颗原子弹，整个星系都被照亮。而它在几个月内所释放出的能量，比20个太阳在10亿年间所辐射出的热量的总和还要多。

超新星爆发使得恒星在生命的最后一刻超越了自己，呈现出一生中里程碑式的壮烈与辉煌，为宇宙贡献了一场视觉盛宴。

▌仙后座A超新星遗迹

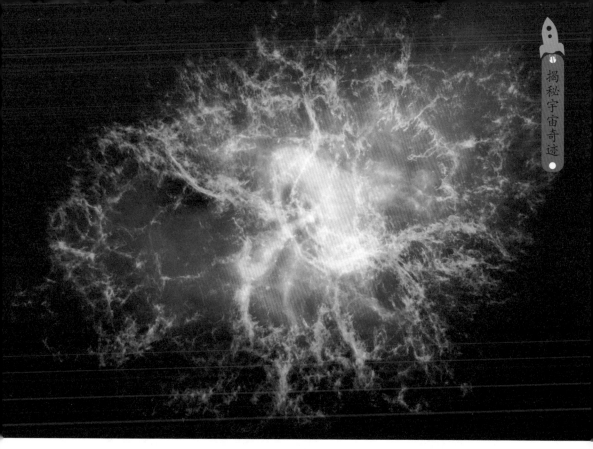

太阳虽然也是一颗恒星，但它个头太小了，不会爆发，只会黯然老去。但在天文学家的爆发名单上，确实有一些处于生命边缘的候选恒星，它们已步入"晚年"，随时可能启动"末日程序"，我们很有可能亲眼见证历史。

▌蟹状星云是一个超新星遗迹

自古以来，黄金就是地球上重要的重金属元素，但你知道吗？这些黄澄澄的金子可能不是地球的"特产"，而是遥远的恒星"送"来的。这种观点认为，当那些富含重金属的超新星爆发时，它们会向宇宙中喷射出重金属，为其他星球带来原本没有的重金属元素。

地球有话说

57

黑暗中聚会

天狗吃日月

太阳、月亮、地球三者之间虽然隔着十万八千里，并有自己的运行轨道，绝不会互相打扰，但它们的关系非常密切，还有独特的"聚会"方式。它们的聚会，你或许已经见过了，那就是日食或是月食。神话里管这两种天象叫作"天狗吃日头"或"天狗吃月亮"。

不过我们都知道天上从来就没有天狗，太阳和月亮被"吃"的现象完全是由太阳、月亮和地球三者之间的位置变化引起的。

月球和地球的运转虽然周期不同，但总有那么一刻非常巧合，二者会与太阳处于一条虚拟的直线上，并且月球

日食

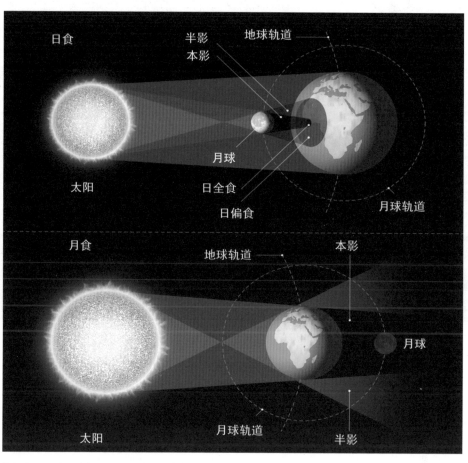

日食

半影
本影
地球轨道

月球

日全食

日偏食

太阳

月球轨道

月食

地球轨道

本影

月球

太阳

月球轨道

半影

居中。这时候，月球遮住了太阳，阳光传不到地球上，太阳好像消失了一般，日食发生了。根据太阳被月亮遮挡范围的不同，日食有日偏食、日环食和日全食的区别。

日食的发生具有一定的规律性，大约每16个月出现一次，基本出现在农历初一那天，因为那一天是月亮转到日、地中间的日子。但并不是每个初一都会发生日食。日全食的持续时间很短，仅有几分钟，一定要提前做好防护措施才能开展观察。

▍日食和月食的形成原理

▌月食

月食发生时，日、地、月同样处于一条直线上。但这一回，居中的是地球，被挡住的是月球，消失的也是月球。月食也有月全食和月偏食的区别。与日食相比，月食出现的次数要多一些，每年最多可出现 5 次，每次持续的时间也更长，可达 1 小时以上。月食出现的日子多为农历的十五或十六日。当然，也不是所有的"十五"或"十六"都有月食奇观。

环保小·贴士

空间灾害事件

太阳与地球关系密切。当太阳风暴（黑子、耀斑等）发生时，人类的生存环境也要遭受意外的灾害，比如绕地球飞行的人造卫星意外陨落，低纬度地区无线通信中断，轮船、飞机导航系统失灵等多种空间灾害事件。

行星“会议”

　　太阳家族是一个由八大行星组成的行星小集团，它们基本处于同一轨道面上，因此会在特定的“时机”下举行不同规模的行星“会议”。如果用天文术语来形容的话，就是“行星连珠”现象。

　　“行星连珠”规模大小不一，五颗、六颗、七颗、八颗甚至九颗都有可能连在一起。（“九星”包含已降为矮行星的冥王星）。我们知道每个行星有自己的周期，要想让这些行星同时绕到太阳的一侧，连成一线，也不是很容易的事。所以，一次“会议”聚集的星星越多，机会就越难得，像“九星连珠”这样壮观的场景，更是百年难得一见。

　　除了这种大规模的“会议”，太阳系还会开展一些小型“会议”，比如“凌日”，或

▮ 九星连珠

61

地球有话说

2022年6月16日夜，很多天文爱好者目睹了一次"七星连珠"的天象奇观。这次连成一行的"七星"包括土星、海王星、木星、火星、天王星、金星和水星。在天气晴朗、大气透明度较好的地区，观测者只需面向东南方的开阔地带，用肉眼就能观测到其中的五颗。（天王星、海王星亮度较低，肉眼很难观测到。）

"掩星"。凌日的"主角"是金星或水星。"会议"开始时，我们会发现金星或水星绕到日、地之间，并且它们会从日面上"走上一遭"。水星凌日的周期较短，100年间或许能看到13次；金星凌日的周期较长（约为一世纪），但每次都是成对出现，其间隔为8年。

至于掩星现象，则是指一个天体从另一个前方经过，恰好遮掩住后者。月亮是最容易"掩"住其他行星的，比如月掩木星等，几乎每个月都能看到。但行星之间的掩星事件则较为稀有，100年间也只能见到几次而已。

▌金星凌日示意图

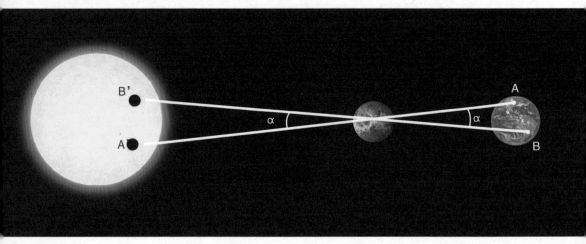

要注意的是，这些特殊的天象并没有什么特别的意义，跟吉凶祸福完全不沾边。另外，要是你打算进行实地观测的话，一定要提前做好准备，因为有些天象并不可以用肉眼直视观察，以免伤害眼睛。

▌金星凌日

"妖星"回归

在地球上空还有一种特别的"聚会"，周期动辄几十年甚至数百年，那就是彗星的回归。

彗星家族成员众多，性格大不相同。有的循规蹈矩，按部就班地游走在椭圆形的轨道上。对于这种彗星来说，轨道越"扁"，回归地球的周期就越长。但有些彗星不理这一套，脚步匆匆地路过地球，就再也不回头，成了行踪不定的宇宙漂泊者，至于它们什么时候回来，没人说得清。

▌英国物理学家埃德蒙·哈雷发现了彗星周期

63

在众多彗星成员中，哈雷彗星是最有名的一颗，也最具传奇色彩。过去，人们看到彗星拖着长长的尾巴扫过天空，便不大喜欢它，叫它"扫把星"，或是"妖星"。西方的一些天文学家甚至言之凿凿地说它象征着"人类的罪恶"，所以才生就一副丑样子。彗星一来，准没好事。所以1682年，当那颗彗星"披头散发"地出现时，人们都惊恐万分。

不过英国天文学家埃德蒙·哈雷不信邪，他决心弄清楚这颗"妖星"的真面目。他收集了大量资料，进行研究，终于发现彗星的"秘密"——每隔76年回归地球一次。哈雷大胆地公布他的发现，还预言了那颗彗星1759年还会光临地球。不过哈雷已经年过半百，肯定无法亲眼见证。于是，他调侃道："要是彗星如期归来，公平的后人会承认我的功劳吧！"

几十年后，彗星果然如约而至。人们为了纪念哈雷的功绩，便将那颗彗星定名为哈雷彗星。此后，天文学界形成惯例，用发现者的名字命名彗星，比如海尔-波普彗星（艾伦·海尔和汤玛斯·波普）、葛永良-汪琦彗星等等。

哈雷彗星回归

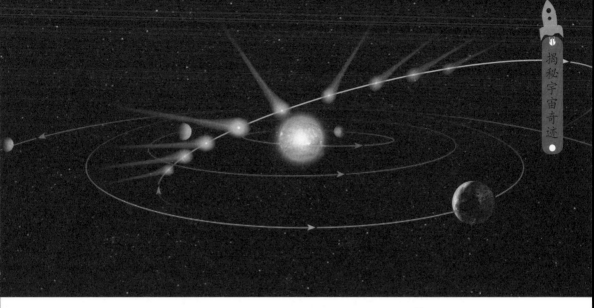

不过不管叫什么名字，彗星的两大主体结构都一样，分别是彗核和彗尾。彗核是最亮的部分，但也是最脏的部分，因为它的内部就是一个由冰块和尘埃组成的"脏雪球"，外形像个土豆。至于彗尾，则是彗星接近太阳时，被太阳风和辐射等联合"吹刮"出来的"大扫帚"。

▌哈雷彗星轨道

环保小·贴士

肉眼可见

对于那些亮度极高的彗星来说，它们通常不需要什么观测设备，用肉眼就能观测得到。比如 1975 年光临地球的威斯特彗星，它是一颗长周期彗星，人们在白天也能见到它拖着淡红色长尾巴的漂亮外观。而 1995 年出现的海尔－波普彗星亮度更高，形象也更加壮观，即使在光污染的背景下，人们也能用肉眼观测到，非常神奇。

诸神的天空

　　繁星密布的宇宙本没有星座，那些仰望星空的人们，最早想到了将亮星"人为"地聚集起来，想象成各种形状，形成星座，用以描述星空。目前国际通用的星座有88个，它们的名字多半来自古希腊神话中的神明或是动物形象，也有的星座使用天文学仪器来命名。

　　古人把天上的星星组合想象成是诸神、英雄人物的形象，还把它们同希腊神话连接起来，为每一个星座赋予了独一无二的传说故事。比如星空的"统治者"王族星座家族，其中包括仙王座、仙后座、仙女座等等。仙王座外形像一个不太规则的长条五边形，与北斗星遥相呼应。它全年可见，但秋季是它最耀眼的时节。据说，仙王座是希腊神话中衣索比亚（埃塞俄比亚）国王刻甫斯的化身。仙后座与仙王座相距不远，它是由刻甫斯在人间的王后卡西俄

星座的定义是"天球上的一个区域，其中一组恒星形成一个想象的轮廓或图案，通常代表动物、神话人物或生物，或无生命物体

地球有话说

要是你想成为一名天文学家，观测夜空是必不可少的训练。观测夜空时，我们要学会寻找、辨别星座。比如北极星所在的小熊星座。小熊星座中也有一个由7颗星组成的"小北斗"。不过这个组合要在天气晴好的时候才能看到，阴天或光污染严重的地方是很难发现它们的。

珀亚化身而来。因为这位王后生前犯了错误，所以，她死后一直在懊悔，连同她的星图形象也变成了"双手高举、弯腰弓背"，一副虔诚忏悔的样子了。至于其他的仙女座、狮子座、天蝎座等等则各有各的来历，每一个都体现了古人的巧思。

英仙座和水母星座

星座除了向人们讲述古老的故事，还有实际的用途，可以计时，也可以帮助水手在茫茫大海上确定航向。

不过变动是宇宙永恒的主题，这些星星不会永远处于同一片区域里，它们有各自的轨迹，日子久了，星星就会"分离"。到那时候，人们看到的星座也跟着变化，还得创制出一批全新的星座才行。

第三章　远去的地平线

　　黑暗通常令人恐惧，但星空却引人遐思：那些遥远的光点或无尽黑暗中是否有人生活？地球是不是宇宙的中心？宇宙有没有边界？人类是最特殊的物种吗？我们有没有"邻居"？……星空下的诸多疑问激起勇敢者的探索。一代代人前赴后继，终于发现在暗黑宇宙中，我们的行星是一个"孤独的斑点"，人类和我们的地球在宇宙中并无特殊之处……

掷矛者

宇宙，非去不可？

提到人类与宇宙的渊源，让我们从一则小故事说起。据说古希腊哲学家泰勒斯痴迷于仰望星空。有一次，他太过专注竟掉进井里。于是周围人不无讽刺地劝说他："您一心观察天上的东西，却忘了地上的事。"

周围人的规劝透露出一部分古人的心态，"宇宙有什么看头？还不如做好地球上的事呢！"实际上，即使到了 20 世纪，这种思想还存在。有人向航天专家提问："你们花费巨资往天上跑，为什么不把那些钱用来解决眼下的贫穷与饥饿？"

是啊，宇宙是非去不可的吗？人类为什么热衷于探索宇宙呢？

人类对宇宙充满了好奇和想象

这或许应该从人类本身的独特性说起。人类是万物之灵，天然具有冒险基因，即使是数万年前，人类刚从动物中脱离出来，稍微有点"人的样子"时，远古祖先们就有了走出非洲的勇气。那一场场史诗般的大迁徙，就如同"孤胆英雄"加加林代表人类第一次进入太空那样的勇敢。

勇于尝试又为人类智慧的提升做出了贡献，人类变得越来越聪明，对宇宙的猜想也越来越新奇。这些新奇的猜测需要不断地验证，才能得到证实。而在不断地猜测—验证—再猜测的过程中，人类变得更聪明、更

▌ 传说希腊建筑师达代罗斯用蜡粘成了两副翅膀绑在了儿子伊卡洛斯身上，使其像鸟儿一样飞到了空中。但在半空中，翅膀被太阳晒化了，伊卡洛斯坠入海中

环保小贴士

未来学家

康斯坦丁·齐奥尔科夫斯基也是一位未来学家，他曾在1911年时对人类的"太空家园"做出描绘：人类脚踩小行星，在月球上举起石块，在太空中建造移动基地，围绕着地球、月亮和太阳建起可居住的环状区域。那时，人类只需站在几十千米外的地方就能观察火星，还能降落在火星的卫星上，并在火星表面登陆……如今，那些曾经的"未来"早已实现了。

▌人类飞出摇篮

强大，视野也得到极大的拓展。

再回到现实生活中，人类所面临的很多烦恼其实在更高的维度上反而能得到更好的解决。比如，在卫星监测技术的帮助下，农作物的产量能够得到大大提升，饥饿问题将得到逐步缓解。这种在天上遥控地下的发明源于航天工业，而我们生活中的很多发明应用通常都是探索宇宙的"副产品"，智能手机中的定位系统、脱水蔬菜包等方便食品，甚至婴幼儿使用的纸尿裤都来自航天工业。

苏联"火箭之父"齐奥尔科夫斯基曾说："地球是人类的摇篮，但人类不可能永远生活在摇篮里。"将来，地球可能面临更多的意想不到的挑战和困难，人类的征途只能向着星辰大海出发，太空必将成为我们未来的家园。要想实现这个远大的目标，必须依靠一代代人的点滴积累。

第一位巨人

两千年前，古希腊人对于宇宙的认识很简单：地球是宇宙的中心，它静止不动，四周有九个大圆圈轨道，它们是太阳及其他行星的运转轨道，除此以外，空无一物。这样说来，那第九层圆圈就应该是宇宙的边界了。

这种观点在当时是没法验证的，因为谁也不能到天上去看一看。但哲学家阿尔库塔斯却提出了一个巧妙的问题：要是宇宙有边界，假如有人向边界之外投一支矛，矛会遇到障碍物吗？那障碍物之外是什么？这样一路"投掷"下去，只能证明一个问题——宇宙无疆。

宇宙无疆。可当人类打破"旧疆界"，开拓"新疆界"时已是千年以后了。那位拓展人类宇宙观的"掷矛者"就是波兰天文学家尼古拉·哥白尼。

1543 年，哥白尼的著作《天体运行论》问世。哥白尼向世人宣称：太阳是宇宙的中心，不是太阳绕着地球转，而是地球绕着太阳转；并且，地球自身也是旋转着的。地球和人类对于广袤的宇宙来说，毫不稀奇。

哥白尼的结论也不完全正确，但他在探索宇宙的征途上，迈出

▌尼古拉·哥白尼像

地球有话说

在2500年前的古希腊时代，诞生了很多具有大胆超前"宇宙观"的哲学家，阿那克萨戈拉就是其中的一位。他声称"地球没什么特别的，只是宇宙众多世界中的一个。"他还对一些天体和天象做出描述，比如太阳是一团比伯罗奔尼撒半岛大得多的炙热物质；陨石是从太阳上脱落的石块；雷是云彩相互碰撞而产生的；闪电是云彩摩擦引起的等等……不过这些思想并没有引起多数人的思考，反而使他遭遇了当权者强烈的反对。

了前进的一步。他把地球从"宇宙王者"的宝座上拉下来，这触怒了当权者的神圣权威，因此，他的思想遭到了封禁。

可真理的光芒是无法掩盖的。意大利思想家乔尔丹诺·布鲁诺坚决捍卫哥白尼的思想，并继续向前。他告诉人们宇宙空间极其辽阔，星星都是遥远的太阳。

很快，布鲁诺因为反对当权者而被投入监狱。严刑拷打之下，布鲁诺决不屈服，最后被送到鲜花广场活活烧死。天真的当权者以为布鲁诺死了，真理也跟着消亡了，但历史终将迎来新的"掷矛者"。

布鲁诺像

星际信使

　　到了 17 世纪，哥白尼的"日心说"终于等来了如山铁证，提供者是意大利天文学家伽利略。据说他是天文望远镜的发明者，当他将那个具有 20 倍放大率的望远镜伸向天空时，宇宙中更多的细节和真相被公之于众。他再次申明，不是所有行星都绕着地球转，至少金星肯定绕着太阳转。随后，他又观测到很多像太阳一样亮的恒星。整个天文学都被改变了。

　　接下来，伽利略的天文望远镜传到了贝塞尔的手中。这位来自德国的天文学家在 19 世纪初最先测定了邻近恒星与地球的距离。此后，天文学家在测量恒星距离的道路上不断开拓，更多的恒星数据被测定，并确定了星云的存在，宇宙再次"被扩大"。

　　人世迭代，宇宙不老。20 世纪的天文学星空上星光璀璨，但埃德温·哈勃异常闪耀。

伽利略向教皇乌尔班八世展示他发明的天文望远镜

埃德温·哈勃

他整日沉迷于对遥远星云的观测，紧接着，一个爆炸性的消息传出：那些星云实际上是一个个巨大的"恒星之城"，更"离谱"的是，它们正在飞速地远离地球而去。原来，宇宙的疆界在无限遥远的远方……

这下，全人类都大受震撼。原来"那些星球是如此庞大，而我们所有的宏图、远航，以及战争所发生的舞台——地球，与之相比是如此微不足道"（克里斯蒂安·惠更斯）。

人类的冒险基因被激发，整个世界即将进入一个"向太空进军"的时代。

从地面向上升，周围环境开始出现变化，大气越来越稀薄，密度也越来越小，大气压力也随着变小。当我们越过稠密的大气层，超过100千米的分界线，便可算作进入太空环境了。而那个100千米的分界线，也就是国际公认的"卡门线"。在那里，我们将看到与地球迥然不同的景象。

地球有话说

神圣的 "黑暗"

独占鳌头

人类的 "太空梦" 古已有之，也为此做了上千年的准备。在实现梦想的征途上，苏联（1991 年解体）和美国是两个最有力的竞争对手，但 "独占鳌头" 的一直是苏联航天军团。

剧变发生在 1957 年 10 月 4 日，一个叫拜科努尔的航天中心。平地里忽然传来一声巨响，一艘火箭载着一颗球状人造卫星 "斯普特尼克" 1 号上天了。苏联成功了。苏联人造卫星以前所未有的速度不断绕地球飞行，"趾高气扬" 地越过 "老对手" 美国人的上空。

"斯普特尼克" 1 号

但人造卫星成功上天只是开路先锋，举世瞩目的重头戏还没开场呢。1961年4月12日，由苏联航天军团导演的一场宇宙大戏终于上演。

当日天朗气清，人类航天史上第一位"孤胆英雄"尤里·加加林激动地踏入"东方"1号宇宙飞船。9点07分，"东方"1号一飞冲天。在将近两个小时的时间内，加加林经历了失重、在太空食用航天食品、绕地飞行一周、返回过程中的高速下降、返回舱与大气剧烈摩擦等一系列过程后，终于在"火舌缭绕"之中平安降落。时间刚好是10点55分。

这位人类的优秀代表、航天精英，终于完成了人类千年的"太空梦"。人类的脚步终于跟上了人类的视野，迈入了太空。加加林代表全人类第一次深入太空之中，见证了那里的漆黑以及地球的蓝色光晕。

尤里·加加林

世界上第一名女航天员是苏联的瓦莲蒂娜·捷列什科娃，她于1963年6月16日，独自驾驶"东方"6号宇宙飞船进入太空。在太空期间，捷列什科娃共绕地运行48圈，历时70小时40分49秒，随后安全返回地面。此后，世界各国涌现出越来越多的女航天员，如美国的萨利·赖德，我国的刘洋、王亚平等。

加加林成了家喻户晓的英雄，一切赞美与荣誉如约而至。但浪漫的辞藻和修饰不能掩盖此行的凶险。宇宙环境的恶劣，人体的耐受力，飞船返回技术是否成熟……一切都是未知数，加加林就像第一次过河的"小马驹"勇敢地奔向"宇宙之海"，用生命做代价为人类摸索了一条载人航天之路。

那时候，苏联航天军团风头极盛，他们完成了人类航天史上的诸多里程碑式纪录：第一个月球探测器、第一个空间站、第一次航天器太空交会对接等等，包括第一名女航天员、第一次实现太空行走的女航天员都来自苏联。

▌瓦莲蒂娜·捷列什科娃

月球漫步

在美苏争霸的时代背景下，苏联人步步领先，惹急了美国人。他们虽然嘴上说着"苏联的成就'并没有引起我们的忧虑和恐惧，一点也没有，他们只是将一只小球送上天而已'"，但美国人心知肚明，控制太空就等于控制世界。等到加加林"一飞冲天"后，美国人变得极度不安，为了挽回颜面，美国人只得另辟蹊径，打起了登陆月球的主意——"阿波罗"计划就此问世。

经过了近 10 年的试验后，1969 年 7 月 16 日，"土星"5 号火箭载着"阿波罗"11 号宇宙飞船起飞升空。飞行组成员分别是巴兹·奥尔德林、尼尔·阿姆斯特朗、迈克尔·柯林斯。经过几天的绕月飞行后，20 日那天，奥尔德林、阿姆斯特朗进入"老鹰"号登月舱。登月舱脱离飞船，平稳地降落在月球表面。阿姆斯特朗率先出舱，当他从梯子上爬下的那一刻，是人类第一次踏上其他星球。他说出了酝酿已久的个人宣言："这只是个人的一小步，却是人类向前

搭载"阿波罗"11 号宇宙飞船的"土星"5 号火箭升空

的一大步。"接着，奥尔德林出舱。二人在嘎吱嘎吱作响、布满环形山的古老月岩上一蹦一跳地行走着。他们在月球上插上了一面美国国旗，并留下一块金属纪念碑，上面写着："公元1969年7月，来自行星地球上的人首次登陆月球。我们为全人类的和平而来。"

21小时37分后，二人完成一系列试验，重回登月舱。登月小组成员会合后，三人成功返回地球。

"阿波罗"计划圆满成功，月球不再遥不

阿姆斯特朗登陆月球，在月球上留下的第一个脚印

▌阿姆斯特朗和奥尔德林登月后，在月球上进行试验的情景

可及。后来的很长一段时间里，美国多名宇航员相继登陆月球，展开"月球漫步"。人类的太空之旅向前迈出了一大步。

环保小·贴士

月球上的"山"与"海"

　　月球环境与地球环境迥然不同。整个月球被两种主要地形所占据：巨大的环形山，即月山；以及凝固的熔岩大盆地，即月海。不过月海里面没有水，空荡荡的，面积极大。从地球望去，那些暗色斑块区域就是月海。由此可见，虽然有"山"有"海"，但月球环境毫无生机可言。

星际先锋

　　"月球漫步"大大激发了人类的探索欲望，月球也成了人们探索宇宙深空的起点。在20世纪后几十年中，各式各样的行星探测器布满苍穹。它们带着人类的问候，拜访了太阳系内的各大星球。其中行驶得最远、最被寄予厚望的是"旅行者"号外层星系空间探测器。

　　"旅行者"号由"旅行者"1号和"旅行者"2号两颗探测器组成，它们携带着当时最先进、最稳定的技术组件，如宇宙射线传感器、等离子体传感器，各式广角、窄角摄像仪等，沿着相反的方向行进。这是一趟"有去无回"的旅程，带着人类"飞出太阳

"旅行者"1号

系""寻找新地球"的热望。

考虑到可能遇到"外星人"的情况，"旅行者"号早有准备，分别携带着一张名为《地球之音》的镀金唱片。唱片是地球的"名片"，收录了多个语种的问候、自然界的鸟语虫鸣、世界各国的古典名曲及大量的照片。为了让"外星人"看得懂，科学家们还编制了一套特别的说明书。有了这些照片和说明书，相信"外星人"能够了解我们这个星球。

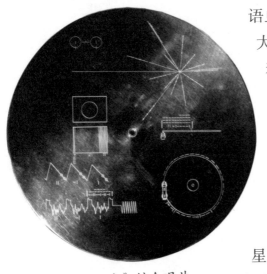

《地球之音》镀金唱片

从 1977 年至今，它们已飞行了 45 年，一路越过木星、土星、天王星和海王星。而我们能够看到遥远的巨大行星的照片，甚至对它们的物理特性等知识侃侃而谈，这其中就有

地球有话说

太空环境凶险而复杂，但仍有一代代的航天器"勇敢"地踏上征途，"远征"太空。其实这都是工程人员的功劳。因为在航天器"出征"之前，它们已经接受过地面环境模拟实验了。每一台成功发射的航天器都曾接受过以下实验过程：发射阶段和返回阶段将面临的巨大震动实验、点火时的冲击试验、与大气摩擦而产生的气动噪声实验、高真空、高低温度交替变化等多种环境下的实验等等。只有实验合格的航天器才能"上天"。

▌"旅行者"2号的运行轨道

"旅行者"号的功劳。

　　如今，"旅行者"号离我们的最远距离已超过 230 亿千米，是离地球最远的人造物体。它们已被科学家们默认走出了太阳系，而它们的多项功能也将到达使用极限，地球只能接收到它们发回的一些零星信息。不过从严格意义上来说，它们只是无限接近太阳系边界，要想完完全全走出太阳系，恐怕还要成千上万年才行。在不久的将来，它们会与地球失联，变成彻底的"星际流浪者"。

铭记失败

蓝天霹雳

　　加加林为人类揭开了太空时代的序幕，时至今日，已有数百名航天员实现了遨游太空的梦想。但航天之路是汗水夹杂着血泪铸成的，风光与荣耀背后，还有一些失败更值得我们铭记与尊重。

　　1986 年 1 月 28 日，天气清冷如常，但美国东南部卡纳维拉尔角的肯尼迪航天中心却人群如潮——上千名观众聚集到这里，等待观看"挑战者"号航天飞机的升空景观。

　　这是一次令全球瞩目的发射行动，电视台也举办了全程直播节目。"挑战者"号将带着"7 人小组"升空。这其中最引人注目的是一位平民宇航员——从上万名申请者中

"挑战者"号的 7 名宇航员

脱颖而出的中学女教师克里斯塔·麦考利芙。此刻，她的学生们早已汇聚在学校礼堂，等待观看他们心目中的"英雄教师"的英姿。如果一切顺利，麦考利芙将成为美国历史上第一位进入太空的平民，也是世界上第一位进入太空的教师。她甚至早就计划好了要给孩子们来几次"太空课堂"活动。

所有人都面带笑容，自豪地张望着。倒计时开始了。

11 时 38 分，一阵震耳欲聋的轰鸣声响起，"挑战者"号底部烈焰升腾，硕大的航天飞机一飞冲天。但仅仅 73 秒后，厄运降临了。那时候，航天飞机刚进入约 14 千米的高度，一只推进器的一侧忽然起火。巨大的火球闪耀在天空上，人们还不知道是怎

"挑战者"号升空后不久发生爆炸

人们目睹爆炸悲痛不已

回事的时候，只听一声巨响传来——航天飞机爆炸了。一切都来不及了。机组人员毫无生还希望。几秒种后，地面控制中心为了防止坠机给地面人员造成伤亡，立即引爆推进器。接下来，在全民目睹下，无数冒着浓烟的碎片，冲向了卡纳维拉尔角附近的大西洋洋面。

所有见到那一场面的人被吓得目瞪口呆，谁也不敢相信眼前的一切。整个美国都陷入了极度的悲痛之中。时任美国总统的里根宣布将 1 月 28 日定为美国哀悼和纪念日。

环保小·贴士

可怕的黑障区

距离地球上空 35~80 千米的区域，被称为黑障区。这对于返回地球的航天器来说是一个非常可怕的区域。航天器的返回舱穿越此处时，会与大气产生剧烈的摩擦，温度急剧升高至 2000℃，返回舱会变成一个大火球，随时都有烧毁的危险。同时，在等离子层的干扰下，飞船会与地面失去联系（时长约 5 分钟），即"黑障"现象。这段时间对于航天员来说是最危险的。即使到现在，人类也未能完全解决"黑障问题"。

经过漫长的调查过后，人们才发现事故的直接原因竟出在两个"不起眼"的橡皮密封圈上——真是千里之堤毁于蚁穴呀！

不幸的是，像"挑战者"号这样一次损失 7 名宇航员的悲剧在新世纪后又重演了，那便是 2003 年"哥伦比亚"号航天飞机"空中解体"事件。那次事故同样损失了 7 名伟大的宇航员。

伟大的失败

航天事故通常在瞬间发生，让人来不及反应，甚至来不及营救。但在人类航天史上也有一些"幸运"时刻，宇航员凭借机智勇敢、临危不惧的品格，力挽狂澜，成功自救。

发射于 1970 年 4 月 11 日 13 时 13 分的"阿波罗"13 号便经历了一次"伟大的失败"。

"阿波罗"13 号是一艘载人登月飞船，机组成员共有 3 人。从发射到升空，一切顺利。但 2 天后，这种"无聊的平静"戛然而止。不知道为什么，飞船尾部忽然发生了氧气罐爆炸事件。整个飞船连同机组人员全都陷入了岌岌可危的境地。地面控

"阿波罗"13 号宇宙飞船的 3 名宇航员

制中心的人员全部被"惊醒"了，他们茫然不知所措。过了好久，他们终于接收到来自飞船的最新消息。机组成员杰克·斯威格特向地面报告说："休斯敦，我们遇到麻烦了。"

"麻烦"接踵而至，电力系统、飞船里的生命保障系统、导航全部失常。飞船的外壳被炸出了漏洞。焦灼时刻，地面控制中心与机组成员从慌乱中恢复过来，紧张地进行各项调度、指挥工作。可是情况越来越糟糕，指令舱、服务舱全部损毁，只剩下一个"薄如纸"的登月舱。这种情况下，似乎任谁也无力回天了。

可是无论是"天上"还是"地下"，谁也没有放弃。机组成员的3人竟然钻进了登月舱中。地面控制人员争分夺秒地指导小组成员，向登月舱的计算机中一个一个地输入复杂的数字。这时候，容不得半点差池。因为一个数字的错误，就能令他们立刻爆炸。

奇迹出现了，就在氧气即将耗光的前一刻，登月舱被成功激活。接下来，机组人员又做出一个大胆的举动，绕过月球，以此躲避月球的强大引力。随后，机组人员关闭一切非必要设备，

"阿波罗"13号发射升空

"阿波罗"13号宇宙飞船绕月飞行，化险为夷

甚至切断了与地面的联系……接下来，他们又成功化解了多个危机，终于跌跌撞撞地返回了地球。

这是一次"伟大的失败"，一个个小的祸患引发了巨大的危机，但人们用智慧、坚毅、勇气与团结战胜了它，为后来的载人航天事业提供了极其宝贵的失败经验。人们甚至认为这次失败的意义要比一次成功的登月更值得品味。

"阿波罗"13号的登月舱从海中被打捞上来

环保小·贴士

天降灾难

当越来越多的人造天体进入太空，太空垃圾和意外事故也多了起来。1979年7月11日，美国空间站太空实验室因意外事故而"停机"。但灾难接踵而来，关闭后的太空实验室急速坠落，数不清的大块残骸纷纷落在印度洋东南部以及澳大利亚西部之间的区域，所幸，该区域内人员较少。此后，各种各样的太空事故新闻屡见不鲜。

中国奇迹

跨越千年

"遂古之初，谁传道之？上下未形，何由考之？……"战国大诗人屈原的《天问》开启了中国人对茫茫太古、上下四方的叩问，也激起了古代天文学家们对万古长空的漫漫探索。

屈原的叩问，并非无人应答。与他大约处于同期的古天文学家甘德、石申以他们坚韧的毅力和精细独到的观察向人们透露出宇宙的秘密。后人将二人的著作合起来，称为《甘石星经》。书中，二人记录了121颗恒星的分布位置，形成世界上最早的恒星表。他们还观测了木、火、土、金、水等行星的运行状况及规律，以及对太阳黑子的观测记录。最神奇的是，观星高手甘德仅凭肉眼就观测到木卫三，这是非常了不起的成就，比西方早了近两千年。

随后中国又涌现出了张衡（东汉）、祖冲之（南北朝）、僧一行（唐代）、郭守敬（元代）、万户（明代）、王贞仪（清代女天文学家）等天文学家，他们在各自

《甘石星经》书影

的领域为中国和世界天文学界做出了极大的贡献。如今，他们的名字早已化作宇宙天体的永久代号。

进入近代后，中国天文学曾一度沉寂。但新中国成立后，我们国家认识到航天科学的重要性，奋起直追，在一穷二白的条件下，自力更生，终于将中国第一颗卫星"东方红"1号送入太空。

"东方红"1号发射的日期是1970年4月24日，从那天起，中国成了继苏联、美国、法国、日本之后，世界上第五个用自制火箭发射国产卫星的国家。而4月24日也成了值得铭记的"中国航天日"。

▌ "东方红"1号卫星图片

环保小·贴士

"无尘"环境

我们都知道，任何一台航天设备都是非常精密的，而它们的生产或是组装也不是普通的厂房所能胜任的。以航天器的装备厂房来说，必须保证环境温度在 15~25℃之间，相对湿度在 40%~60%，噪声小于 60 分贝，此外还有空气洁净度、照明度等方面的要求——只为保证航天器质量。

神舟巡天

"东方红"1 号揭开了中国人进军太空的序幕，载人航天成了新的目标。经过数十年的积累，中国人的脚步终于迈向太空，遨游在宇宙的星辰大海之中，实现一个个"零"的突破。

不过在"巡天"之前，我们要先了解一对好搭档——"长征"2 号 F 系列运载火箭与"神舟"号宇宙飞船。每一艘"神舟"号都是在"长征"2 号 F 系列运载火箭的护送下升入太空的。它们的亲密合作从"神舟"1 号升空时便开始了（1999 年），至今已有 23 个年头。

到 2003 年时，两位好搭档进行了一次空前默契的合作，使得 10 月 15 日成为一个被载入史册的日子——中国航天员杨利伟搭乘"神舟"5 号首次进入太空巡天。（乘坐

"神舟"5 号发射升空

航天器进入太空的人员，国外叫宇航员，中国叫航天员。）

中国成了国际"载人航天俱乐部"的第三位成员国。在接下来的十几年时间中，中国航天人不断超越自己，为全世界带来一场接一场的"航天秀"：相继护送十余名航天员进入太空；完成了包括太空行走、航天器空间交会对接试验、女航天员上天、太空授课、长期太空驻留等多个太空任务。

中国首位航天员杨利伟载誉归来

时至今日，我们国家已成为新兴的世界航天大国，尤其在飞船发射可靠性等方面，中国是非常值得信赖的国家。

中国西昌卫星发射中心

嫦娥探月

　　"嫦娥奔月"是流传了几千年的神话传说，表达了华夏祖先对可望不可即的月亮的向往。在几千年后的今天，梦想终于开始成为现实——大名鼎鼎的"嫦娥工程"于2004年正式启动。

　　探月工程属于深空探测领域，任务艰巨而复杂，对技术要求极高。目前我们已经完成第一阶段"无人月球探测"的"绕、落、回"三部曲。这是一段长达十余年的探索，有许多独属于中国航天人的"高光时刻"：由"嫦娥"1号拍摄的第一幅具有"中国版权"的月面图像；"嫦娥"3号怀抱中国探月"大使""玉兔"一号月球车登陆月球，"嫦娥"3号还创造了月球探测器在月工作的最长纪录；随后中国人大胆创新，将"嫦娥"4号发射到月球背面，它所携带的"玉兔"二号也成了月球背面唯一的人类"访客"。

中国的"玉兔"二号月球车探索月球表面

至于"嫦娥"5号就更不得了，完成了"'回'的终章"。它由绰号"胖五"的"长征"5号火箭发射。登陆月球后，采集古老月岩和月面土壤，并成功返回，为我们带回一份来自38万千米之外的"月球快递"。

█ "长征"5号运载火箭搭载着"嫦娥"5号在海南文昌航天发射中心发射升空

环保小·贴士

航天器污染

航天器发射升空壮美异常：当轰鸣声响起，地面上云海翻滚，巨大的航天器拖着白色的云柱冲上云霄。但这些人造"白云"却是固体燃料燃烧释放的可怕污染物——高酸度废烟。废烟中的颗粒会在发射中心附近降落并沉积下来，破坏环境并给附近人员带来眼睛及呼吸道方面的困扰。而且，这种废烟到了大气层中，还具有破坏臭氧层的"威力"。目前，我国所采用的液态燃料，具有性能强及无污染的特征。

▌中国的"嫦娥"5号月球车

　　这是一份静候了 45 亿年之久的月球礼物，令中国科学家如获至宝。它不仅具有极大的研究价值，更见证了中国人用勇气和智慧实现古老的"奔月之梦"。在不久的将来，我们必将会实现载人登月和建立月球基地的更远大的梦想，为探月工程画上圆满的句号。

地球有话说

　　中国积极开展航天活动，很早就开始注意到保护太空环境的问题。早在1995年6月，中国便加入了机构间空间碎片协调委员会。这个机构成立于1993年，是目前研究和协调太空碎片的唯一国际机构。而中国也在大力开展"空间碎片行动计划"，加强对空间碎片的监测、预警以及减缓等方面的工作。

步履不停

　　"嫦娥工程"的收官之战圆满成功，但中国航天人探索宇宙深空的壮心不已，又将目光对准了太阳系"热门星球"——火星。

　　火星是地球的亲密"邻居"，人们对它的期待很高，因为那里被探测出水（以冰的形式存在）乃至海洋的痕迹。这实在是振奋人心的消息。因为有水或海洋，就意味着那里有生命的希望——说不定那里也曾经是生物的乐园呢。

　　中国行星探测计划"天问"系列的第一站便是这颗红色星球。执行火星探测任务的是"天问"1号。2020年7月23日，"天问"1号发射升空，开启了数亿千米的"火星之

▌ 中国"天问"1号登陆火星

中国"天问"1号探测器

旅"。经过202天的飞行后,"天问"1号成功登陆火星乌托邦平原。

随后,"天问"1号携带的秘密成员——"祝融"号火星车亮相火星。"祝融"号既是火星"巡视员",又是火星"通信员"。它一路巡视,一路传回各项遥测数据,为我们的科研人员研究火星探取了第一手资料。

火星是地球的邻居,但它可没有地球"幸运",那里的环境非常糟糕。整个火星寒冷荒芜,南半球是一片古老的高原,到处都是陨石坑;赤道附近河床交织,蜿蜒曲折、纵横交错,令人遐想无限。那里温差也大,中午时气温可达20℃,但在两极的极夜时期,最低温度又低至-139℃。虽然火星目前不适宜人类"移民",但因为有水的痕迹,人类对火星依然充满向往。

地球有话说

目前，"祝融"号早已完成各项预定任务，处于"超期服役"状态。不过"祝融"号并不孤独，早有苏联、美国等国发射的火星车"恭候"它的光临了。值得注意的是，美国的"好奇"号、"毅力"号仍处于工作状态，那么，它们会相遇吗？

据测算，"祝融"号与另外两者之间的距离不小于2000千米。这在地球上并不算遥远，但在条件复杂的火星上，却是难以逾越的距离。因为火星车首先要"坚守岗位"，而它们的运行速度很慢，再加上各自使用寿命的限制，以及恶劣的风沙侵袭等多种因素的制约，这一场"星际会面"似乎是相当渺茫的。

▍ 中国"祝融"号火星车（模型）

太空生活趣事

万物悬浮

在各种载人航天器的帮助下，人类才能进入太空，并进入失重状态——通俗来讲，就是摆脱了地球引力的控制，增加了漂浮技能。那时候，我们所见到的就是一幅"万物皆悬浮"的场景图。

当航天员进行"太空行走"时，相当于"站"在太空中。我们从航天员的视角看去，一切天体都是悬浮的。尤其是"近在眼前"的地球，完全是"飘飞"的姿态，看起来随时要掉下去，让人担忧。不过我们知道万有引力会为天体"保驾护航"，不让任何一颗星球"掉队"。

当航天员进入太空舱内，一切仍是悬浮的。人是悬浮的，所以有了"特异功能"：航天员要想做出翻跟头、悬

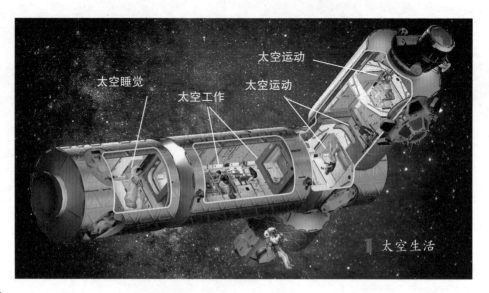

太空睡觉　太空工作　太空运动　太空运动

太空生活

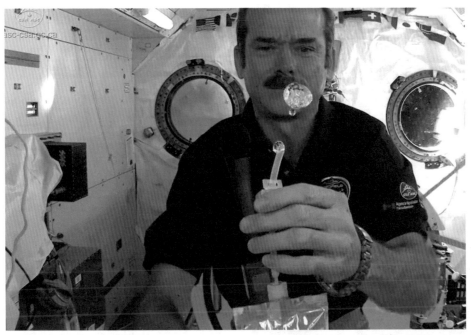

浮等动作易如反掌；物品也是悬浮的，失去　■ 太空喝水
了质量。平时要几个人合力才能抬起的箱子，
现在只要一个航天员动动手指就能抬起来，
人人都是大力士。

　　当然，有些"悬浮"还得想办法克服掉。
比如食物，都得经过特殊处理，制成凝固状，

　　空间站是一个密闭的环境，航天员每日呼吸的氧气从何而来呢？一种是从地球上携带氧气瓶，另一种是利用电分解水来产生氧气（电解水法），最后一种便是携带一些能产生氧气的化学原料，利用化学反应制造氧气。这其中最常用的是电解水法。在制造氧气的同时，为了维护空间站的空气环境，人们还得想办法回收二氧化碳等废气，保证空间站内的良好呼吸环境。

地球有话说

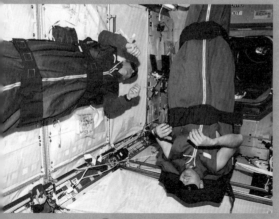

太空睡觉

由于失重，水果在太空中也是飘浮的状态

太空跑步

然后装进袋子里，以方便食用，避免有碎屑什么的飘出来，影响航天器的环境。喝水也得用吸管小心地喝，免得水珠飘得到处都是。

航天员想睡觉很容易，飘浮着也能睡。但若想来一场"地球上的睡眠"，就得钻进能固定的睡袋里，把身体固定住，然后才能像在地球上一样安稳地躺着入眠。

因为悬浮的存在，"吃喝拉撒"这些不起眼的动作，到了太空都成了难事，都得在地面上进行千百次的训练，才能在天上重新施展。因为人一旦进入失重状态，会立刻无法控制自身，甚至连走路这样简单的动作也做不好，需要一段时间来重新学习，才能潇洒地展开"太空漫步"。

因为失重，航天员每天必须做的一件事就是锻炼。身穿特制健身服装，跑步、骑自行车、训练拉力，一样也不能少，目的是锻炼肌肉，保持与地球上同样的生理状况。

空间站里的"宝贝"

　　我们都知道空间站个个都是"大块头"，质量动辄数吨，甚至接近十吨、百吨也不稀奇——因为里面搭载着不少"宝贝"呢。它们是科学家展开太空实验的重要设施。

　　离我们生活最近的就是"太空蔬菜"培植项目。航天器"上天"时，会携带各种零部件，以及休眠的植物种子、培植的"土壤"、水分等等。"上天"后，航天员会把3D打印的轻便材料组装起来，形成一个栽培箱装置；地面指挥人员则会启动遥控按钮，让休眠的种子开始萌芽、成长。在栽培箱自带的相机等部件的配合下，对植物生长的每一个小细节进行全程直播。用这种方法，我们已经成功培育了生菜、水稻、拟南芥等植物。

▌太空育种

▍美国宇航局在国际空间站上种植的太空辣椒

　　有趣的是，这些植物虽然受到失重影响，但它们并没有"长歪"，努力向上，因为这些植物一直保持着从祖先那里遗传来的向光性特点。当然这些植物还不能吃，只用于实验。待到将来技术成熟之时，我们就能像科幻电影里演的那样，在太空种植农作物，实现自给自足了。

环保小·贴士

太空育种

　　2022 年 4 月 16 日，"神舟" 13 号载人飞船结束了长达 183 天的太空飞行，返回地球。这一次，航天员们同样为我们带回了太空育种蔬菜。这些蔬菜种子跟随航天员一同"上天"，在太空"微重力、高真空、强辐射"的环境中进行培育。随后，它们将接受科学家的改良培育，然后进行种植。这是我们所说的"太空育种"技术。当这批种子长成后，我们可以进一步研究太空微重力环境对植物的具体影响。

大数据时代，数据安全特别是密码安全是事关很多人的一项大事，也由此引发了一系列"盗号"烦恼。这个问题也引起了科学家的注意，他们把一套量子密钥分配实验光机交给空间站，让它带着这台精密的设备到天上去做实验，验证量子通信的可靠性。

量子通信属于一种加密通信，在发射信息的时候，能够自动"察觉"窃听者，不断改换密码，直到清除窃听者的干扰为止。未来，量子通信将应用在我国的军事国防、金融系统等多个领域，以保证信息安全。所以，空间站上的实验意义重大。

除了这些，空间站里的实验设备还有很多，比如专门用来"炼制"特殊金属的综合材料实验装置。它就像太上老君的"八卦炉"一样，专门用来炼制特殊材料。一旦实验成功，科幻电影中无坚不摧又"随物赋形"的金属——比如美国队长的盾牌、金刚狼的爪子等全都会成为现实。

▎量子通信

航天"神器"

宇宙"独角兽"

　　人或是各种人造设备，如卫星、飞船要想进入太空，首先要有摆脱地球引力的能力，这就要求它的速度一定要快。这种具备"一飞冲天"威力的工具便是火箭。

　　火箭的雏形出现在中国明代。有个叫万户的"科技达人"，不爱功名利禄，一门心思鼓捣"火器"。他曾发明一把绑着"火箭"的"飞天椅"，并亲身试验。虽然万户在短暂的"升空"后便跌落摔死，但他却是世界上第一个利用火箭飞天的人。

万户飞天

万户以血肉之躯搏击长空，惨遭失败，但这种借助火药或燃料燃烧后喷出火焰而产生推力的原理却流传下来。在这个简单原理的启发下，人类最终发明了各式各样庞大而复杂的火箭。

火箭可分为探空火箭和运载火箭两大类型，护送卫星等设备上天的是运载火箭。世界上第一艘知名火箭是"卫星"号运载火箭，它是护送世界首颗人造地球卫星上天的大功臣。随后，世界各国开展了火箭竞赛，每个国家或地区都有自己的知名火箭：苏联"联盟"号、美国"大力神"系列、日本"H"系列、欧洲"阿里安"系列，以及我国的"长征"系列。

┃ 2021 年 10 月 16 日 0 时 23 分，我国"神舟"13 号载人航天飞船发射成功

　　这些运载火箭，每一个都"战功赫赫"，是不畏艰险的"运输官"，更是勇闯宇宙的"独角兽"。不过火箭虽然能干，但它们也得有个起点——航天发射中心。它们是人类通往宇宙的"门户"。

　　航天发射中心是一个大型场所，由测试区、发射区、测控中心等多个区域组成，设备多，规模大。所以，航天发射中心的位置并不是随便选取的，必须得有利于发射，还要具有一定工业基础和运输能力，且不能打扰居民的生活。满足以上条件的通常都是人烟稀少的地带。世界著名航天发射中心有美国的肯尼迪航天中心、苏联的拜科努尔航天中心、欧洲的库鲁航天发射中心、日本的鹿儿岛发射场，以及中国的卫星发射"四剑客"——酒泉卫星发射中心、西昌卫星发射中心、太原卫星发射中心、文昌航天发射场。

▌美国肯尼迪航天中心

环保小·贴士

治理污染

苏、美等国航天事业发展较早，但航天活动所带来的污染问题也比较突出。比如美国的肯尼迪航天中心附近的土壤和地下水就因为频繁的航天活动而遭受污染。这里的三氯乙烯含量比美国政府规定的饮水用标准要高出几千倍。2011年后，美国政府不得不花费大量人力和物力资源整治附近的土壤和水污染问题。

"无人"航天

火箭将卫星送入太空，便完成了阶段性使命。接下来，就看卫星的了。不同的卫星有不同的"样貌"，但它们都是在各自轨道上绕着地球飞行的无人航天器，我们将它们简称为卫星。

近地轨道卫星

▎美国开发的全球定位系统（GPS）

如今，地球上空一共活跃着数千颗卫星，它们"各行其道"，又各有各的"本事"。有的擅长通信，有的擅长军事侦察，还有的专门勘探地球资源、观测气象，等等。还有"专心搞科研"的科学试验卫星，比如我国最新发射的太阳探测卫星"羲和"号。

其中最有名、离我们日常生活最近的是导航卫星。导航卫星从天上发射无线电信号，为地球上的用户提供导航定位服务。几颗导航卫星联合起来，组成导航卫星系统。目前，全世界最有名的导航系统有美国开发的全球定位系统（简称GPS）、欧洲航天局开发的伽利略卫星定位系统，以及中国的"北斗"卫星导航系统。

卫星在远离地球成百上千千米的地方工作，看起来与地球毫无关联，那么，装备众多电子设备的卫星是从哪里获得电源的呢？当然是太阳了。卫星两侧伸展出来的太

⚡️地球有话说

为了躲避太空垃圾，人们想到发射高轨道卫星的办法。高轨道卫星是指运行高度高于20000千米的卫星。这类卫星覆盖范围广，并且远离低轨道上防不胜防的太空垃圾。但问题在于，这类高轨道卫星会不会给更高远的太空区域带来垃圾污染呢？

阳能帆板就是收集太阳能，并将其转化为电能的装置，所以，人造卫星最大的爱好就是"晒太阳"。

每有一颗卫星升空，就意味着天上多了一颗"星星"，我们站在地球上就有可能用肉眼观测到它们。凌晨或黄昏是观察人造卫星的最佳时间。如果你眼力好，又能坚持观察，一定能看到我们的卫星在天空"眨眼睛"的有趣场面。

▌中国的高轨道卫星——"北斗"3号

"有人"航天

如果说人造卫星属于"无人"航天器,那么,空间站就是名副其实的"有人"航天器。空间站是长期在固定轨道上运行的大型空间平台,里面有供航天员长期居住和工作的多种空间场所。因为它的个头大、搭载的仪器复杂、需要完成的任务多,空间站也被叫作"宇宙岛"。

最早的"空间站"出现在 19 世纪末的科幻小说中,科幻作家把"空间站"的作用设定为"太空旅行的关键场所"。航天学家受此启发,提出自己的想法,认为空间站最好能满足以下要求:对地观测、通信,燃料补给,并能在太空中组装火箭飞向其他行星。

百多年后,人类再次梦想成真——史上第一个空间站"礼炮"1 号在苏联发射升空(1971 年 4 月 19 日)。"空间

▌"礼炮"1 号空间站

站时代"由此开启。美国人制造的"天空实验室"空间站则紧随其后发射升空。在历经了几个空间站的"退役"事件后，目前，地球上空仍在服役的空间站是大名鼎鼎的"国际空间站"。它是由美国主导，包括俄罗斯、加拿大、日本及欧洲航天局在内的五个航天机构联合建造的大型空间站。

中国人自主研发的空间站"天宫"号核心舱"天和"号也已经发射成功，为中国空间站的建设拉开帷幕。

▌美国第一个空间站"天空实验室"

▌"长征"5号运载火箭搭载着"天和"核心舱发射升空

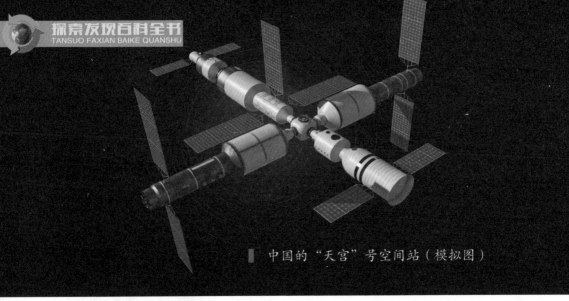

中国的"天宫"号空间站（模拟图）

无论哪一个国家的空间站，都少不了运送补给这一环节。各种食物、实验器材等物品需要依靠货运飞船等设备运送到空间站上。那么，这两艘飞船在太空的交会对接则是非常关键的，也是激动人心的一个过程。让我们以"神舟"11号飞船与"天宫"2号空间实验室为例，看看它们是如何在宇宙中完成这精彩一幕的。

首先，"神舟"要进行几次变轨，进入与"天宫"2号相同高度的轨道中；这时候，"神舟"内的航天员得穿着舱内航天服，着手保障工作；当二者之间不断试探着接近到

地球有话说

如果你细心观察过航天员"上天"前和"上天"后所待的环境，你会发现环境好像不一样了。没错，航天员"上天"时乘坐的是"座舱"，也叫"返回舱"（舱外贴有国旗的部分），那里最明显的特征是装有航天员座椅；而"上天"后，航天员要进入"轨道舱"工作和生活。那里的设施和物资更加丰富，如食物、饮用水、大小便收集器等生活装置，还有各项实验设备，令人眼花缭乱。

30米的距离时，"神舟"的捕获锁伸出，准确地卡到"天宫"2号的卡板器里。这时候，二者仍要"小心翼翼"地靠近，直到它们严丝合缝地对接在一起。接下来，就是"上锁"和舱内各种线路的连接了。一切都稳妥地完成后，两个"大家伙"才算合为一体了。航天员也就能够根据地面指令，飘浮入驻"天宫"2号内了。

这一系列的过程看起来精彩非凡，但也是对人类"高、精、尖"技术的大考验。

■ "神舟"11号和"天宫"2号在空中对接

2022 年 7 月 24 日 14 时 22 分，"长征" 5 号 B 遥三运载火箭搭载着 "问天" 实验舱在海南文昌航天发射场准时点火发射

太空巴士

我们知道，在中国空间站进入太空之前，国际空间站已在太空运转多年。那么，国际空间站的补给问题是如何解决的呢？当然也是从地面运送过去的，只不过工具有所不同罢了。

最早的"补给船"其实是由载人飞船"兼任"的。那时候，载人飞船在运送宇航员的时候，可以"顺路"搭载一些货物送给国际空间站。值得一提的是，载人飞船返回时，还能把空间站的一些物品带回来，可谓一举两得。但随着航天飞机和专门的货运飞船的出现，载人飞船便渐渐退出"通天快递"领域了。

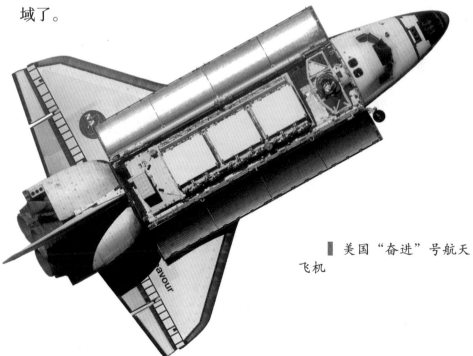

美国"奋进"号航天飞机

美国的"亚特兰蒂斯"号航天飞机发射

环保小贴士

紧急避险

"亚特兰蒂斯"号航天飞机功勋卓著，但也曾经历过险情。1991年11月28日，"亚特兰蒂斯"号在返回地球的时候，不巧遇到一片太空垃圾飞来——它是15年前从苏联火箭上脱落的一片残骸。在机毁人亡的紧要关头，宇航员接到地面控制中心的指令，及时调整航天飞机轨道，躲过一劫。

美、苏两国的航天飞机曾垄断一个时代的辉煌，尤其是美国的航天飞机堪称人类探索太空的"好帮手"，以其兼具运载火箭与大飞机的升空与返回能力而著称于世。

国际空间站

美国的"亚特兰蒂斯"号航天飞机和"奋进"号航天飞机曾因多次执行国际空间站的运输任务而名声大噪。它们每一次启动，国际空间站就能收到重达数吨的"大礼"。

当然，在接收快递之前，航天飞机也得经过追逐、对接适配器等复杂的交会对接过程。此间，两个航空器的朝向问题至关重要，调整好各自的姿态，不能出现错位。

随着航天飞机的陆续"退役"，货运飞船开始独当一面。尽管俄罗斯、日本等国各有知名货运飞船，但美国私人公司研发的"龙"飞船却后来居上。"龙"飞船因多次执行国际空间站与地面间的"快递"任务，风头极盛。

波音747载着"发现"号航天飞机升空

终极观测

在人类探索宇宙的征途上，有一种仪器功不可没，它们是科学家望向宇宙的"第三只眼睛"——天文望远镜。

天文望远镜的原理可以追溯至数百年前的大科学家伽利略，但天文望远镜这种复杂精巧的设备却是伽利略未曾想过的。如今，我们生活在科学的天空之下，头顶漂浮着几十架天文望远镜。它们肩负着观测宇宙的终极任务。这其中的哈勃空间望远镜有着令其他同类仪器望尘莫及的观测能力和知名度。

哈勃空间望远镜大小类似于一辆公共汽车，是世界上第一座巨型太空天文台，也是当时最为复杂、精密的天文设备。当它被送上天的那一刻（1990年4月24日发射），它便拥有了所有地面天文台及天文观测设备所不能具有的

哈勃空间望远镜是人类在太空自登月以来的最伟大的成就

极大优势：不被地球大气层阻挡的绝佳"视线"；最"黑暗"的宇宙环境——只有在无限"黑暗"之中，我们才有可能捕捉到遥远的恒星所发出的微弱光亮。

"哈勃"这架"太空之眼"不负众望，为我们贡献了众多经典宇宙图像：土星的巨大光环、濒死恒星的孤寂凝视、"上帝之眼""创造之柱""恒星葬礼""哈勃超深场"……

如今，为人类观测宇宙立下"汗马功劳"的"哈勃"早已完成了它预定的 15 年服役期，其间经过数次太空检修，展示了它的最佳实力。

说到太空检修，至今为人所津津乐道的是"哈勃"刚升入太空后的第一次故障维修工作。

原本，全世界都在期待着"哈勃""睁开"它那对巨眼，一探宇宙深空的奥秘。但坏消息很快传来：因为望远镜的一处镜片发

▌维修中的哈勃望远镜

生变形，这极大地损害了它传回照片的清晰度。照片质量很差，甚至还不如地面的望远镜所拍摄的照片清晰。此外，电池板的表现也不尽如人意。"哈勃"迫切地需要动一次"手术"。

美国航天局只得准备一次载人航天行动，派人上去，直接在天空修理。出发前，宇航员们已经在模拟的太空环境中（主要是水下修理）进行了多次试验，这才放心地出发了。

1993 年末，美国的"奋进"号航天飞机带着 7 名宇航员升入太空。他们是专门为了修复"哈勃"而"上天"的。10 天内，宇航们共进行了 5 次太空行走，小心翼翼地更换了全新的光学仪器。任务完成时，"哈勃"正位于壮阔的南非好望角上空。随后，那里成了它的新起点——经过"手术"的"哈勃"不负众望，终于变得"心明眼亮"。

过去，航天器出现故障都要被航天飞机拖回地面修理，

地球有话说

太空跟地面一样，也存在着"垃圾"，只不过太空垃圾多为肉眼看不到的碎片，并且这些碎片都有自己的运行轨道，对航天器具有极大的威胁。为了发现并预测出它们的运行轨迹，人们通常利用地面上的光学望远镜及雷达来捕捉太空中的微小垃圾，尽量避免太空"交通事故"。

才能重新放飞，但这次的"太空戏法"让人们见识到人类探索宇宙的潜力已经不可限量了……

目前，"哈勃"已进入停机状态。而它的继任者詹姆斯·韦伯太空望远镜已经成功升空，只待各项设备调试完成后，便可肩负起更远大的宇宙观测任务。

除了"哈勃""詹姆斯·韦伯"等太空望远镜之外，世界各地还有很多著名的大型天文望远镜，"凯克"望远镜、"昴星团"望远镜、"甚大"望远镜，以及中国的"超级天眼"等。未来，中国也将发射自己的太空望远镜"巡天"号。

▌美国宇航局的斯皮策太空望远镜

▌美国宇航局的"詹姆斯·韦伯"太空望远镜

▌欧洲"XMM-牛顿"太空望远镜

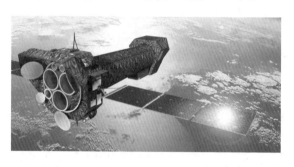

第四章　守护夜空

太空原本"纯净"无物，人类"进军"太空，使它蒙上一层"尘埃"，甚至刮起了太空"沙尘暴"。人类将太空视作未来的"家"，但当夜空蒙尘，星星消失，我们何以为家？俗话说："种一棵树最好的时间是十年前，其次是现在。"不如以地球污染为鉴，未雨绸缪，将"守护夜空"作为全人类的共同信条。一个纯净的宇宙才是充满未来的宇宙，才是人类的希望所在！

宇宙雾霾

太空"弃儿"

任何事物都有两面性，有好的一面，也有坏的一面。人类进入文明社会，大生产与大发展带来了大污染。同样的道理，人类向着太空"高歌猛进"，太空污染也随之而来。

太空污染发生在太空，也就是地球大气层以外的宇宙空间。那里本是寂静之地，纯洁无瑕，但自打人类揭开了进军太空的序幕后，太空多了一些喧闹：火箭腾空、飞船

空间碎片绕地球轨道运行

穿梭、卫星往来。这份热闹展示了人类的开拓进取之功，但也为太空平添了无数的太空垃圾——充斥在宇宙空间中各种各样的残骸和废物，它们是人类有意或无意遗留在太空中的"弃儿"。

太空垃圾是人类探索宇宙的必然产物，它们多以"碎片"的形式存在，是太空主要的污染源。至于它们的来源则是多种多样的。

高速移动的人造空间碎片和自然流星体会损坏卫星，并对太空飞行，特别是载人航天器构成严重危害

环保小·贴士

真假"垃圾"

太空中也有一些执行简单任务的卫星，比如负责反射电波，或是接受激光束的卫星，它们也是不受控制的，但却一直"坚守岗位"。还有一些卫星处于暂时停用状态，但一经开启，马上就能恢复作用，这样的卫星并不能算作太空垃圾。

比如废弃的人造卫星，它们完成了预定使命，但又"占据"着绕地轨道，这样一来，它们不仅失去了作用，还具有危害性，成了新一代航天器的一大威胁。

除了废弃的卫星，人类的航天活动本身也会制造一些垃圾。比如航天器的意外爆炸所产生的碎片；航天器外部携带的摄像机、燃料箱爆炸后的碎片；宇航员进行太空行走时不小心飘出舱外的工具，甚至航天服手套等大大小小的零部件。

此外，人类在地面进行的技术试验也可能对太空产生污染。比如美国在20世纪60年代初试验的"西福特计划"。这项计划向太空散布了上亿根铜针，以增强无线电通信质量，结果"人造针雾"影响了其他国家的天文观测，遭到各国抗议。美国不得不提前终止试验。到头来，这些

▌地球轨道上布满了废弃的卫星和碎片——这对太空基础设施构成了威胁

地球有话说

> 太空垃圾的威力到底有多大呢？举例来说，如果一团太空垃圾质量1千克，当它们在地球附近与人造卫星相撞时，卫星将被彻底摧毁——而这颗原本完好的卫星可能质量达数十千克，甚至更高。

铜针中的一部分残留在太空，成了太空垃圾，时刻威胁着航天器的安全。

全速前进

有人或许有这样一种疑问：宇宙那么大，还容不下一些"碎片"吗？它们怎么会有"威胁"航天器的本事呢？

实际上，自打人类迎来了宇宙探索的"元年"后，人类已经开展了数千次的航天活动。每一次都会有或多或少的太空垃圾产生，积累至今，光是那些直径超过1毫米的"碎片"的数量就已经上亿。这不是一个小数目，而且它们跟地球上的垃圾不大一样，并不是静静地堆在一块儿，而是保持着动态的聚集——就像散落在某一条轨道上的无人驾驶的小汽车一样，乱哄哄地挤在一起。

更要命的是，这些"失控小汽车"有着非同寻常的高速度——大约7千米/秒，可

▮ 模拟太空碎片高速撞击的实验

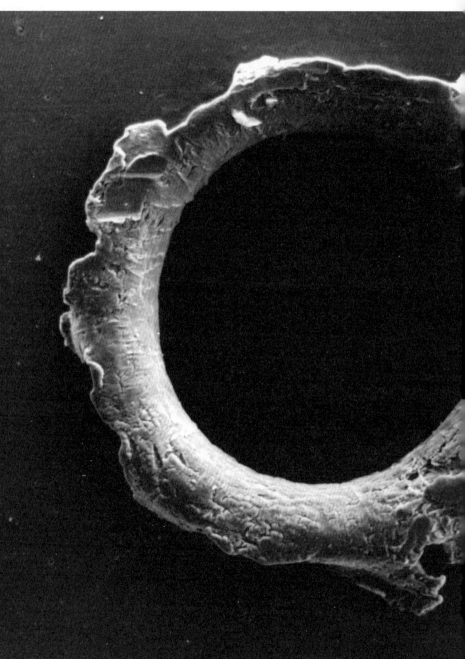

5KU X72   0028 1

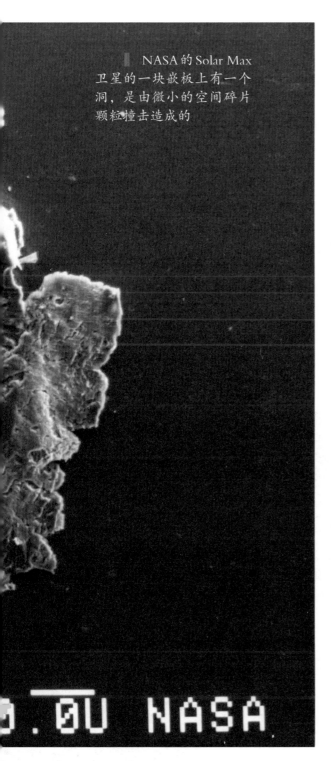

NASA 的 Solar Max 卫星的一块嵌板上有一个洞，是由微小的空间碎片颗粒撞击造成的

算是全速前进了。谁也不知道它们下一步要去向哪里，"刹车"还是"急转弯"，抑或与迎面飞来的航天器来一场星际"碰碰车"。一旦碰撞发生，那就是毁灭性的灾难。

要知道，在太空，无论是小碎片还是航天器，都有着非同寻常的高速度，它们的碰撞无异于在宇宙中引燃了威力巨大的"火药筒"。对于载人航天器来说，是不可挽回的巨大灾难。

太空垃圾的危害并不是危言耸听。人类航天历程中，已经发生了很多次相关事故。1983 年，"挑战者"号航天飞机就曾被一块直径 0.2 毫米的碎片刮坏了舷窗。为了避免更大的伤害，"挑战者"号匆忙返航。

此后，相关报道越来越多，甚至还有坠落航天器伤人事件的报道。2009年，美国"铱 33"卫星与

俄罗斯的一颗废弃卫星相撞。霎时间，两颗卫星化作两团碎片云，景象十分惨烈，至今令人心有余悸。据专家估计，这次卫星相撞事件产生的大量碎片，对宇宙环境的威胁甚至可以持续到 1 万年以后。

愈演愈烈

1957 年是人类"太空纪元"的"元年"，也是"太空垃圾"的元年。那一年，苏联向太空送去了第一颗人造卫星，也送去第一块太空垃圾——运载火箭上脱落的碎片。此后，太空垃圾便与日俱增起来。

太空垃圾的增殖速度为每年 2%~5%。以直径大于 10 厘米的碎片来说，其中 17% 来自火箭助推器，31% 来自废

目前有近 2000 颗活动卫星和 3000 颗非活动卫星围绕地球运行

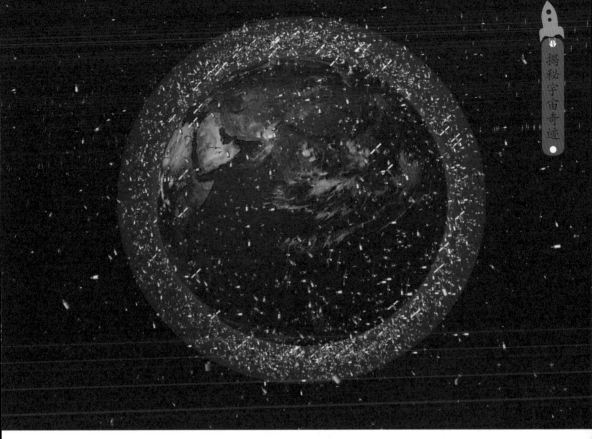

■ 凯斯勒假设

弃卫星，38%是撞击产生的碎片，还有13%来自其他航天活动。至于那些微小的碎片则不可胜数。这林林总总的碎片加起来，总重量至少7500吨。

太空垃圾越来越多，除了归咎于人类旺盛的航天活动外，"碎爆"现象也是一个重要原因。"碎爆"是指碎片之间的撞击所激发出的更多的碎片。这种发生在太空的碰撞事故，并不能让垃圾化为乌有，反而形成了更多的潜在"碰撞者"。每一次新的碰撞，都会让碎片出现爆发式增多。

正因如此，1978年，美国科学家唐纳德·凯斯勒提出了一种观点，也是一种担忧：

地球有话说

1961年，人类第一次观测并记录下太空物体的数量——115个；但在紧随其后的一次卫星发射过后的24小时内，观测者发现太空物体的数量竟在一瞬间增加了294个。这只是一次宇宙碎爆事件新增的太空垃圾数量。现在，人们观测到的碎爆事件更多了，而太空垃圾的数量早就增加了成千上万倍。

"要是太空垃圾无限制地增加下去，到一定程度时，就会反过来将轨道上的航天器一个接一个地摧毁个精光。"这就是令人担忧的"凯斯勒假设"。

要是这种假设成真的话，地球上空会被"垃圾带"所遮蔽，人类航天领域所有的伟大发明将会损失殆尽，而我们的星球也会陷入太空垃圾的"禁锢"之中。那人类的太空之路该何去何从呢？

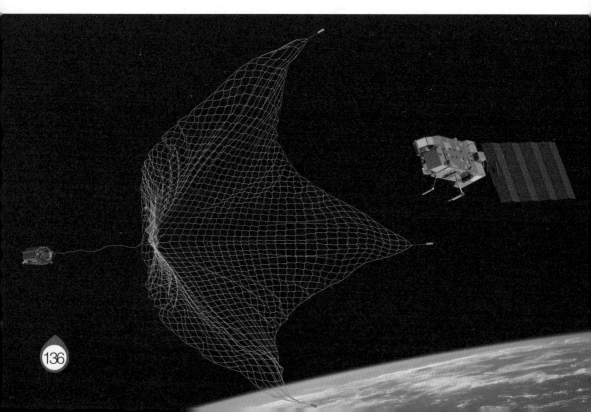

未雨绸缪

后来的事实似乎在不断地应验着"凯斯勒假设"：那些回收期越晚的航天器表面上的撞击点越多，这说明太空环境确实在恶化。即使在 2021 年，这种事情也不稀奇——美国的一颗气象卫星的突然爆炸，让太空中又多了 16 块新的碎片。

那么，人类该如何清除太空里的"麻烦"，维护轨道环境呢？航天大国都在想办法。当然，在发明合适的清除办法之前，人类对于太空垃圾的主要态度是避而远之。对于那些已经编号的碎片，全程跟踪，以便提示航天器注意躲避；在航天器上天之前，科学家也会提前"武装"，采用各种高新技术使

瑞士研发"清洁太空一号"，犹如家用吸尘机的装置，或像水母触须一样打扫卫星，为外层空间大扫除，清理废弃卫星及火箭残骸等太空垃圾

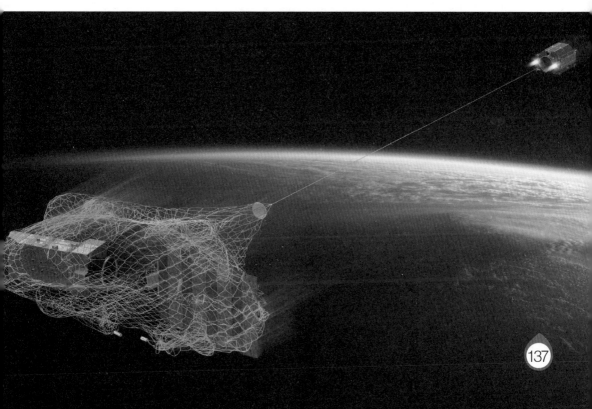

┃ 欧洲航天局的 ClearSpace，这种接近和捕获太空垃圾的系统，前端有一个圆锥体形式的网，一旦捕捉到小卫星，它就会展开，然后关闭。二者将在大气层中一起燃烧

航天器变得更加坚固，以防备那些微小的太空垃圾。

对于那些能够控制的报废航天器，世界各国的共识是令其离开如今的轨道，进入更高远的空间，即所谓的"太空坟场"，让原来的轨道得到重新利用。也有的国家会将这些航天器降低轨道，重返大气层，使其自行焚毁。

目前并没有特别简洁、高效的办法，但世界各国都在积极创新。科学家曾设想研制一种"太空棉被"，把它们

环保小·贴士

空间机械臂

"空间机械臂"是中国科学家的最新发明。它是一个能在太空执行任务的智能机器人，能自主分析目标，也能由航天员操控。它的能力很强，能抓举航天员实施太空作业，还能抓捕那些报废卫星、清理太空垃圾。空间机械臂将成为未来"打扫"太空环境的主力，非常值得期待。

送入太空，用以吸附、包裹太空垃圾或使太空垃圾降速，最后落入大气层中，自行销毁；还有一种比较激进的办法——"激光扫帚"，用激光冲毁一切小碎片；也有人从航天器本身想办法，研制"木质卫星"，把它当作解决太空垃圾的"救星"，不过这种方式还有待验证。

中国也在积极参与太空垃圾清理，比如我们曾推行"可重复使用火箭"项目，一方面降低发射成本，另一方面也减少太空碎片出现的概率。不管哪一种设想或试验，都不如杜绝制造太空垃圾，这需要更多高新技术的支持。

▎美国能回收利用太空碎片的"凤凰"卫星项目想象概念图

星空的终结

夜空蒙尘

　　"太空梦"是全人类共同的梦想，过去，只有举一国之力、由政府主导才有可能进军太空；但如今，私人公司发射卫星甚至售卖太空旅行项目也悄然成风，甚至引发了新一轮的太空竞赛。这便是所谓的"商业航天"项目。这些项目听起来激动人心，令人热血澎湃，但它们对于宇宙星空的影响还有待商榷。

　　"商业航天"让几十颗小卫星一次性"上天"，并最终让数万颗卫星在地球低轨道形成阵列，组成"人造星座"。它们的主要用途是为地面提供更便捷的通信服务。每当这

▋美国马斯克的SpaceX公司用"猎鹰"9号火箭成功将其自主研发的载人"龙"飞船送入太空

低轨道小
卫星阵列

些小卫星"集团"划过天际时，人们只用肉眼就可见到一列"太空列车"闪着耀眼的光芒疾驰而去。

这场景新鲜有趣又充满了科幻感，但对于追求"原始"星空的观测者来说，却是一种阻碍。要是全球都被人造星座包围了，那么，阻碍则会演变为一种"灾难"。因为天文学家或是观星者在观星时，首先要面临一个基本问题："这是一颗真正的星星吗？还是一种'伪装'？"

这种低轨道小卫星还会影响那些正在寻找暗物质与暗能量或是试图"捕捉"新天体的天文学家。因为那些天文仪器本来能接收到的"暗"信号就很微弱，在人造星座光芒的刺激下，或许连微弱的信号也接收不到了。

地球有话说

当头顶的人造卫星越来越多时，观测者就得学会分辨真星星与假星星。比如，真星星的光在穿越大气层时，会发生"晃动"，看起来像是在闪烁；但假星星通常离我们较近，散发出的光线受大气层影响较小，不会有"闪烁"。

另外，这些小卫星也存在一定的潜在破坏性，可能撞击到其他国家的卫星或是空间站等大型设备，造成太空事故。因此，这种类型的商业航天项目受到了不少天文学家和国际组织的批评和反对。但由于缺乏"太空污染法案"的制约，这类问题还没有更明确的解决办法。

至于花费高昂，仅为体验短暂失重的太空旅行项目，更是广受批评。众多指责中，"浪费能源、增加碳排放量、制造太空垃圾、破坏地球臭氧层"等，成为人们热议的话题。

如果我们把目光放得再长远一些，假使有一天，人类航天技术突飞猛进，可以任意造访其他星球，那么我们要不要考虑一个新的问题：人类的行为会给其他星球带来什么样的影响？我们要不要对其他星球的环境等问题负些责任？

▌欧洲定于2024年发射的太空垃圾清理任飞行器具将收集最大、最麻烦的太空垃圾（艺术家的概念图）

星星消失

在人类探索宇宙的征途上，所面临的麻烦可真是不少。除了商业大亨们的商业航天行为，还有一种与城市化有关。这就是由城市化所引发的"光污染"问题。光污染是"近在眼前"的星空"杀手"，且它的"嚣张气焰"会波及地球上的很多人——不单单是天文学家，还有热爱星空的你我。

过去，我们的祖先没有先进的仪器，仅凭良好的视力及玄铁般的夜空即可观测宇宙。但如今城市化却势如破竹般地"剿杀"夜空，也遮住了我们望向星空的双眼。

五花八门的人造光源，在夜色中争奇斗艳：明亮的街灯、建筑物表面的装饰性光源、

▌夜晚灯光璀璨的地球犹如肆虐的火山熔岩

▌全球光污染在过去 25 年内迅速增加，某些地区高达 400%

亮闪闪的广告牌、直冲云霄的强光束……铺天盖地的光合在一起，造就了一个又一个"不夜城"。越是发达的地区，人造光源越是充足，暗夜被迫"退居幕后"，星星也"销声匿迹"了。

光污染不仅让城市中的居民看不到星空，也让一些大型天文台失去了观星的能力，很多天文台已经被迫放弃了科研任务。就连那些藏在深山老林中的天文台，也受到城市化的"排挤"，失去了真正的暗夜。光污染演变为一大公害，成了人类探索宇宙征途上的"绊脚石"。

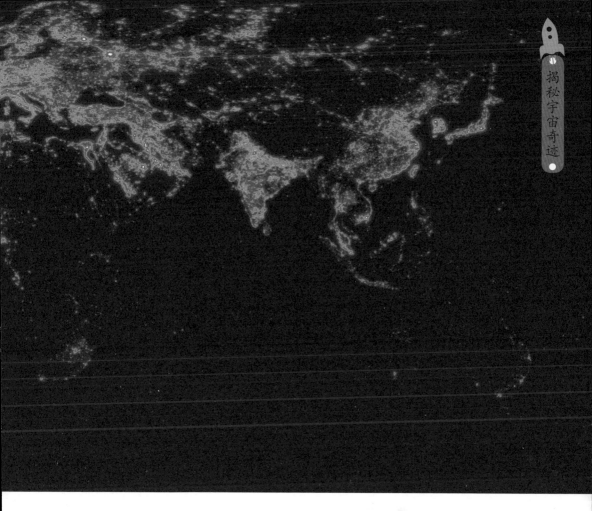

暗夜意识

　　21 世纪初，专门帮人分辨"暗空"的一份表格问世了，即"波特尔暗空分类法"（又称"光害等级表"）。它向我们展示了从地球上最"黑暗"的天空到繁华都市中心的天空的分辨方法，把光污染对天文观测的干扰程度用表格数据的形式展现出来。

　　而天文学家也告诉我们，只要夜晚"足够黑"，我们就能看到 7000 多颗星星。但当夜空被替换为"不夜城"的夜空时，这个数

> 伴随着"天文旅游"的热潮，亚洲首个"暗夜星空"保护区落户我国西藏阿里地区。这是一片海拔4200米、面积达2500平方千米的星空公园。这里海拔高、晴天多、大气透明度高、空气干燥，为了保护"星垂平野阔"的顶级夜空条件，此地严格控制"光污染"问题。暗夜公园不仅保护了夜空，还使夜间动物也得到了"庇护"，可谓一举两得。此外，我国的青海湖、张掖、漠河等地也同样具有良好的星空条件，是观星的好去处。

地球有话说

据则骤降为几十颗。

虽然夜空被"蚕食"得所剩无几，但城市化已是一股难以逆转的风潮。所幸，人们早已意识到由此引发的光害污染对于夜空的破坏，并开始想办法了。

比如有的国家在街灯上做起文章，一到深夜，就把那些非关键路段的街灯关闭；而其他路段的街灯则被罩上遮光罩，使光线全部射向路面，既节约了能源，又可减少人造光对夜空的破坏。

除了国家层面上的实践行动，国际上还流行起一种名为"暗夜意识"的观念。"国际暗夜协会"（英

▎国际暗夜协会标志

文缩写为"IDA")正是为了宣传和践行这种观念而成立的公益组织。这个组织由来自世界各地的专业的天文学家或非专业的天文爱好者组成。

在这个组织的主导下，一大批"夜空保护地"被收入《世界暗夜保护地名录》，比如英吉利海峡上的萨克岛，是公认的"暗夜岛"；加洛韦森林公园则是世界四大"暗夜公园"之一。近年来，我国西藏那曲、阿里地区以得天独厚的自然环境被开辟为暗夜星空保护地，同时也被收入名录之中。

这些"夜空保护地"既是世界上最美的观星胜地，也是人们努力留住夜空的见证。但愿这些仅存的"星空"能唤起更多人的"暗夜意识"，共同保护如水的夜空。

加洛韦森林公园

▎英吉利海峡上的萨克岛

环保小·贴士

月球垃圾山

"月球垃圾山"听起来有些不可思议，因为那里没人，在过去几十年间，仅有 12 名宇航员登陆过月球，但遗留在月球上的垃圾已达到 200 吨。这其中大部分是美国宇航员留下的，如照相机、电池、背包、人类排泄物，以及各国发射的探测器残骸等。而未来人类还要登陆火星，那么"行星保护政策"必定要得到极为严格的执行，才能使火星免遭"垃圾成山"的厄运。

还太空黑色

行星保护

当苏联将第一颗人造卫星送入太空后，人们就已认识到人类"向太空进军"的脚步必然越来越快；未来，必将有更多的国家加入到这项行动中来。"如何协调各国的行动，让各国在和平探索外太空的框架下行动"成了亟待解决的问题。《外层空间条约》应运而生。

1967 年，这部全新的"太空法"得到了大多数国家的认可。"太空法"在缔结之初，便富有远见地提出了"保护外太空环境，对于'航天'行为所造成的污染负责"等相关规定。随后几十年中，一些与太空污染有关的专项条约

▌1967年,《外层空间条约》签署

被制定出来, 清除太空垃圾、保护外太空环境等问题, 越来越受到各国的重视。

"行星保护政策"是"太空法"中的一大亮点——是对地球和"地外天体"的双向保护政策。这是一项防患于未然的保护措施: 一方面避免地球上的有害物质"传输"到其他天体上, 进而造成外太空污染; 另一方面也是保护地球, 不能让外太空的有害物质危害到地球的环境安全。这项政策提倡一种"避免在太空留下生物痕迹"的意识。这要求那些要去往其他星球的航天器材必须接受更严格的消毒步骤才能出发。

目前, 人们对于"太空法"的认识越来

▌航行空间法是宇宙的规则和法律原则

越深刻。随着时代与技术的发展，必将会诞生一部更加完善的"太空法"，它能更好地解决人们在探索太空时所遇到的技术、道德伦理及环境保护等诸多方面的难题。

除了制定法律，人们在技术方面也在不断尝试，火箭重复利用、卫星回收、火箭中使用可再生燃料等问题都在研究之中，人们必定会以更加环保的方式探索太空。

太空探索带来太空污染，这是人们未曾料到的问题。但目前，它已经实实在在地摆在人类眼前，并且在相当长的一段时间内影响人类自身的安全与利益。和平与科学地探索太空、利用太空，甚至是移居太空，已成为人类共识。但眼下，如何解决太空垃圾困扰已是当务之急，因为人类永远需要一个纯洁无瑕的太空。

地球有话说

面向未来

　　宇宙的未来有多少种可能？发现"平行宇宙"，回归"粒子场"，走向沉寂……我们不得而知。但眼前的宇宙似乎更适用于"人择原理"——奇点、大爆炸、不断膨胀……它波澜壮阔的"前半生"似乎就是为了渺小的人类而创造。

　　"人择原理"认为人类的存在（人类作为宇宙生命的代表）可以解释宇宙乃至自然界衍生、发展的一切规律。这个观点听起来有些狂妄自负，但也是一种解释宇宙历史及现状的方式，具有一定的合理性。反过来想，

▎从空间站去看宇宙和地球

如果宇宙不这样"出生"、发展，就不会有太阳系，不会有地球，也不会有人类，更不会有"人类"来提出这一切的追问。

宇宙中充满未知，但遥远的"黑暗"为人类而存在。这实在令人热血沸腾。而人类也早已制订好了"太空征服计划"时间表：月球家园、火星家园、地外旅游，人们整日穿梭于太阳系……到2115年，有一批在地球之外出生的人已进入成年，他们甚至从未来过地球……

蓝图固然宏伟壮观，但要建立在一个"纯净太空"的前提下。人类占有着宇宙的"馈赠"，自然也有爱护宇宙的责任。

人类对宇宙的好奇和探索之路任重道远

　　还宇宙黑色，是人类探索宇宙永远的出发点，也是在保护全部地球生物的归宿。愿我们永远铭记康德的那句话："世界上有两件东西能够深深地震撼人们的心灵，一件是我们心中崇高的道德准则，另一件就是我们头顶灿烂的星空。"

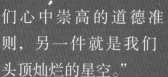